7步驟擺脫被老闆退稿、同事誤解的高效工作術

用寫的說服各種人

誰も教えてくれない 書くスキル

Hidenori Shibamoto
芝本秀德——著
郭子菱——譯

當學校教的作文
只夠拿來應付考試,
你需要的是
有效率、有邏輯的
實用職場寫作技術!

【目錄】

前言

既然是上班族，就無法避免「寫文章」這回事。然而有不少人苦於不知如何撰寫，或是不擅長寫作。此外，還有很多人必須讓下屬幫忙撰寫才能繼續進行自己的工作；或是就算自己知道如何完成工作，卻又不知道怎麼傳達給他人。本書就是為了這類人而寫的。

本書是以二〇一六年四月日經BP社所舉辦的研討會——「心情暢快！建立自信！克服不擅長心態的《寫作技巧》講座」之內容為基礎所寫，筆者會用第一人稱「我」來稱呼自己，並採用向各位讀者講述的文章體例。

那麼首先就讓我先來自我介紹，我的名字是「芝本秀德」。我原本是程式軟體工程師，於軟體零售商開發汽車導航。在那之後，我擔任業務軟體套件的企畫負責人，涉及商品企劃、設計、開發、販賣支援、營業支援等一貫性工作，後來又以顧問的身分獨立開業，公司名稱是「Process Design Agent」。

職務雖說是顧問，不過卻和大家印象中的顧問型態不同。我的使命是揭露「如何提高人員與組織的執行品質」。我不會思考並提出經營策略、中期經營計畫、情報戰略等，也不會製作工作報告。我實際上要做的，是讓大家一同思考、共同執行。但如果是制定策略，就必須和經營階層開會進行討論，統整眾人議論。當然我也會說出自己的意見，不過僅做為參考。我的角色是提供第三者觀點、翻譯並加深議論內容，促進執行。

由於任務是著重在提高執行品質，所以必須把思考出來的策略專案化，制訂計畫後再依計畫行動。在執行上，專案管理技巧、問題解決技巧等這些能力的研修是不可或缺的，此外，我們也會實際訂定專案，讓大家一同進行ＯＪＴ式的技巧轉移。

想提高執行力，光坐著聽講是沒有用的。當然你必須要學習知識，若沒有知識什麼話都不必談。然而要能夠運用知識，就必須在真正的專案中實踐，並獲得實質回饋。無論研修時做了多少案例分析，還是沒有真實感，畢竟這不是你自己的事情，必須要讓你們從實際上的專案和問題處理中學習，這才是我在做的工作。

此外，雖然因為最近太過忙碌，不太有閒暇顧到這一塊。不過我也在進行我的畢生事業——「價值工程（Value Engineering）」。價值工程，日本翻譯為「價值工學」，在「製造業世界」中是廣為人知的方法論。舉例來說，就像是汽車和建設的領域吧！於美國ＧＥ社發祥的工學領域中，已經有五十年以上歷史。簡單來說，就是研究如何在抑制成本的同時，提高機能與增加價值的領域。近年來也開始活用於服務業上。

由於GE的發祥，美國可謂價值工程的原產地。連美國價值工程協會（SAVE）和日本也有發表相關論文。有很多人會對論文抱持困難的印象，對寫的出論文的人也會稱讚他「好厲害」。這就代表「可以寫出困難的文章很厲害」對吧？然而寫文章並非什麼難事，要想出至今為止沒有出現過的方法論和提案才是困難之處，文章只是為了傳達這些的工具而已。對於現在的我而言，「寫作」這件事情不會太過辛苦。當然我也不是一開始就有能力寫作。在達到這個境界之前，我不斷嘗試錯誤、進而成長。而在本書中，我會說明如何達到這個程度的「寫作流程」。

我有撰寫寫作技巧的資格嗎？

我已經完成了十本關於寫作的書籍，這本《用說的說服各種人》為第十一本（最初三本我使用的筆名是「上村敏彥」，並非「芝本秀德」）。雖說十本也絕對稱不上多，有些作者可是每個月都會發行一本商業書籍的。也許大家會認為可以寫出這麼大量的內容實在很厲害，不過也並非每本書都是本人所寫。當然這不能一概而論，但有很多案例都是由其他「寫手」所撰寫，而非作者。將本人訴說的內容整理成文章，這就是寫手的工作。

如果閱讀商業書籍的最後方，會發現頁面角落標示著「共同編輯」或是「共同執筆」的字樣，這些書大多都是由寫手所寫。這並非什麼壞事，有著可貴經驗和技巧，跟會不會用文章表現出來完全是兩回事。如果是忙碌的經營者也沒有時間寫書的，但只有一個人擁有這些難得經驗和技巧實在太過可惜，才會將這些問出來的內容進行整理，以大家可以閱讀的形態露面。寫手所負責的就是這樣的工作。

至於我，截至目前為止所有書籍都是我自己寫的，連同其他連載於雜誌或網路上的亦然。此外，我也有好幾篇連載刊登在ＩＴ情報的綜合網站「IT Pro」上面，這些書和文章都是我寫的。過去的我曾經為寫作所苦，但回顧起來，我竟然已經寫出了這麼多的文字。我並非感到自滿，我想說的只有「**誰都可以學習到寫作技巧**」，我希望大家務必抱著期待來閱讀這本書。

系列書籍的概念

本書前一本所出的書名為《沒人告訴我的思考技術》（日經ＢＰ社），和本書同樣是將研討會內容寫成書籍，因此本書與「思考技巧」為同一系列。這系列的概念是「**學習這些不知不覺間被忽略掉，且至今從沒聽過的技巧**」。缺乏這些技巧就無法完成工作，但卻很少有書籍用系統性的方式告訴大家這些事情。讀者只能不斷嘗試找出自己的方法，卻還是無法建立自信。該系列書籍就是著眼於這些技巧上面，「思考技巧」與「寫作技巧」也包含於此。

不斷嘗試錯誤來找出自己的作法，是很沒有效率的。在日本的學校教育中，也無法用有系統的方式教大家「寫作技巧」，雖然會撰寫讀書心得或畢業論文等，卻幾乎沒有關於如何論證自己主張、提出證據說明的訓練。

有人會認為「沒有接受訓練就做不到」而感到無可奈何，不過這在「寫作」上是不被允許的。就算你沒有接受過訓練，還是會在工作上被罵「**為何寫不出來**」，過去的我也是如此。因為沒有人教導而做不到，實在別無他法。這又是必要的，我必須做些什麼才行。

當我還在當軟體工程師的時候，常常會對後輩和下屬說「代替顧客去學習」。軟體工程師是專門職業，顧客並沒有那些系統、軟體、硬體、工程等知識，顧客就是顧客，有他們各自的工作，即使想學也沒有時間，因此「我們必須時常學習，不是為了自己，而是為了顧客」。本書也是我為了這些讀者，把我至今為止所學到的、不斷嘗試錯誤後所得出之心得所整理出來的書籍。

「流程」是可以存入的

本書是以**每個人都可以成為專家，把寫作技巧「存入」到腦袋或身體裡**的方式所呈現。所謂「存入」，換言之即為「可以再現」之意，把別人所做以及自己所做的事情再次呈現出來。要完成這個再現，最重要的就是「流程」。

所謂的流程，就是**如何把input（情報、資源）轉換成output（成果）的流程**。無論你有多好的材料，假使無法順利轉換，就產生不出output，而流程設計即是要呈現出這些流程並將其可視化。本書會說明在「寫作技巧」這領域中，人人皆可使用的流程。

我常常把先前所說的「提高人和組織之執行品質」當成標題。我想各位的公司裡也一定會有所謂的事業策略，但很多公司都「無法將其順利連結到執行上」。經營層或是上級管理職雖然提出了「就這麼做」的相關策略，實際上卻時常完全不一樣。而我的主題，就是改變這樣的狀況，好依照戰略執行。

當想要提高人和組織的執行力時，本書的主題——「寫作技巧」時常會成為關鍵，例如撰寫專案文案就是如此。這個專案的目的是什麼？如果無法呈現出要以怎樣的方式改變，領導者和成員就不會有共識，也沒辦法執行企劃。如果再用更細微的事情來講解，在以信件溝通時，「可以引出對方反應」之人和無法這麼做之人，兩者的工作速度就會完全不同。不具寫作技巧的話，工作也無法進行。

圖表1　本書的內容

- 寫作技巧的全體概觀
- 整理思考
- 建立結構
- 撰寫草案
- 琢磨文章

不過，只要你學習到了流程（型態），就一定可以寫得出來了。

本書的結構

本書所說明之內容如上（圖表1）。

寫作技巧的全體概觀

首先，我們就來檢視一下何謂寫作技巧，以及是由何種要素所構成的。在學習事物時，先把整體架構放入腦袋會比較好理解。因此請大家要常常意識到現在的狀況究竟處於全體中的哪個位置。

整理思考

要寫作，就必須明白知道「想要寫什麼」。自己想向誰傳達什麼事情？這是在開始寫文章之前的「設計」階段。就如同沒有辦法不經過設計而蓋出房子一樣，沒有設計過也無法寫出能夠傳達內容給對方的文章。

建立結構

只要整理好了想寫的內容，接著就要思考用怎樣的結構（脈絡）來傳達。要用什麼順序傳達給對方比較好呢？在工作上所使用的結構有好幾個代表型態。我會說明在什麼案例中要選擇什麼型態，以及如何遵循型態來發展脈絡較為妥當。

撰寫草案

在寫文章時的訣竅其一，就是「不要一下子就想寫得很漂亮」。首先隨著架構，嘗試在撰寫時不要拘泥小細節，抱持著把第一次原稿捨棄掉的打算。接下來我會向大家說明此時的一些心得。

琢磨文章

寫完一次以後，只要再琢磨完畢就可以了。我會跟大家說明要注意哪裡、要如何精煉才好等等寫文章時的技巧面。

本書的目標是學習「寫作流程」。透過本書，大家就可以實際體驗到一連串的流程。**本書的目的，即是在一般工作上能夠實踐這個流程，並加以再現。**

要學習這些流程，最重要的就是先全部嘗試過一遍後記憶到身體裡。並非閱讀了本書以後就能夠馬上可以流暢地書寫，說到底還是需要訓練。然而就算盲目地訓練，效率還是會很差，唯有一邊閱讀本書，或是反覆閱讀訓練，才能有效率地練習。

圖表2　本書的目標

❶ 學習寫作「過程」，再現出來
❷ 學習寫作的基本技術
❸ 獲得「也許寫得出來」、「感覺寫得出來」的實感

我會於本書說明要克服寫作最初障礙時所需的所有材料。只要閱讀本書並實踐於工作上，一定可以變得上手。在一般的工作中，光具這些就技巧可以達到足夠水準了。

我期盼在閱讀完本書後，讓大家可以抱持「也許寫得出來」、「感覺寫得出來」的這種期待感與希望（圖表2）。

第一章

寫作與寫作技巧

1-1 不擅寫作的劣勢，擅於寫作的優勢

需要寫作的場合增加

現在要寫文章的場合越來越多了，有信件、會議記錄、設計書、報告書、企劃書、提案書、發表用的投影片等。在這數年來，有很多人將文章寫在LINE、Facebook、Twitter等SNS（社交網路服務）上，和十年、十五年前相比，必須寫文章、使用文字的這種場合呈現飛越式的增加。

由於寫作場合增加了，照理來說對寫作的抵抗感應該會變小才對，然而在面對工作上的這些工具，例如寫提案書、寫設計書或是企劃書、報告書時，還是有

圖表3

寫作工具

〔寫作工具日益增加……〕

- 信件
- 會議記錄、設計書、報告書
- 企劃書、提案書
- 發表用資料
- 料書、（LINE、Facebook、Twitter……）

很多人困擾於「沒辦法寫得好」。

無法寫得上手，也就是說無法利用文章進行良好溝通，這會變成怎樣呢？首先，會很容易招來誤會，導致「明明就沒打算寫出這種信件的，卻讓對方感到很負面」啦，「用信件向專案組員發出指令以後，卻出現了和這方意思完全不同的結果」等等。此外，還會發生即使向客戶提出提案書，對方也不想閱讀、無法溝通；即使向上司提交企劃書，也沒有通過、不被認可等狀況（圖表4）。

這些全部都是因為沒有「寫作技巧」所引起的。當然除了寫作以外還需要各式各樣的技

圖表4	寫作技巧的必要性 〔如果不具寫作技巧的話……〕

● 招來誤解
「明明沒有打算要這麼說的……」

● 導致做白工
「我並不想要你做這些事情啊……」

● 提案沒有通過
「如果對方能再多瞭解優點的話……」

● 不被認可
「如果能夠確實表現的話……」

巧，而撰寫即為「思考」，可以說是扮演了極度重要的角色。

學習寫作技巧的好處

如果你有寫作技巧，會有什麼開心的事情呢？首先，你的工作速度會提升，委託別人時所花的時間也會縮短，不容易因為誤解導致做白工，整體所花的時間就一口氣就減少了。只要提升寫作技巧，談吐能力也會同時提高。如果能當成寫作一般來談話，也更容易傳達給他人。

所謂「當成寫作一般來談話」，或許我有必要再多說明一些。大家在學校時可能聽過「當成談話一般來寫作」的指令，然而「當成在談話一般來寫作」其實是很困難的。應該是說，這樣無法傳達給對方。假使是沒有訓練過的人要像談話一樣去撰寫，也只會寫成長篇大論，無法告訴對方你究竟想表達什麼。就算用談話用的詞彙去寫，一旦轉變成文字，就很難傳達給對方。

只要精煉了寫作技巧，就可以把全體組成（結構）置於腦海中，一邊思考現在進行到哪個階段一邊說明，加上想像力也變得豐富，得以簡潔有力地傳達出想要說的話。本書是以研討會為基礎所撰寫，換句話說，即是以說話語言為基礎來寫出原稿的。只要順利撰寫出來，自然就可以溝通，從說話語言來撰寫原稿雖然多少會有點冗長，不過依然能夠構成一篇得以閱讀的文章。

擁有寫作技巧，管理能力也會提升。也許有些人會因為自己是工程師、自己沒有部下等等原因，覺得和管理一點關係也沒有，然而在現今的商業中，可說是不存在和管理完全無關的人。

管理能力不是只有在面對下屬和專案時才能發揮出來。近年來在運用外部人才和其他公司（我們稱之為商業夥伴）時，管理能力也是不可或缺的。此外，委託工作給我們的客戶也是管理對象之一。

前一陣子很流行nomad（遊牧民族）這個詞彙。何謂nomad？在Facebook上面會有那種打卡說「在星巴克裡nomad中」的人對吧？不過在星巴克工作、在咖啡店工作的人並非nomad。要說到何謂nomad，是指打破社會組織等框架，擁有各式各樣背景的人們，利用自身的優點，朝著成果邁進而工作的意思，這種工作形態才可以說是nomad。

如果至今為止成長茁壯，又或是至今為止被培育出來的公司組織有所不同的話，「文脈」也會不一樣。換句話說，即使用了相同的語言，也有可能解釋成別的意思。就算在同一個組織內能夠以「處理一下那個」、「處理一下這個」的命令語來完成，對於擁有別的組織、別的文脈、別的背景的人而言，是無法奏效的。此時必須要知道如何正確地傳達出意思，換言之，即為確立共同認知。

擅於寫作，機會就會增加

在現今的企業中，如同 nomad 一般的「專案型」工作也開始增加了。所謂專案，就是指暫時性的配合，有開始與結束，朝著某個目標前進，聚集擁有各式各樣能力的人們，只要達到目的、完成專案後就解散。

接著再著手下一個專案，這種型態即是如此。只要每個專案中的成員不同，思考、工作方式也會改變，因此必須要每回、每次去確立大家的共同認知。這種情況下若只有口頭溝通會很困難，「寫作技巧」就變得不可或缺了。

要想在專案中維持共同認知以執行工作，最重要的就是將寫出來的內容（證據）當作材料，並以此為基礎進行。我的專業就是專案管理，而在專案管理中「文章」的角色，就是**確立並維持共同認知**。

然而，如果該文章的解釋意義太過多樣，就會出現反效果，大家也會很困擾，無法完成工作。假使相關人士擁有能夠寫出大家理解相同的文章，管理就會變得非常容易。

要用一句話來說明擁有這些寫作技巧所得到的好處，即為「增加機會」（圖表5）。可以製作出提案書與企劃書，也可以管理。這麼一來，讓別人說出「下一次的企劃就試著交給他（她）來進行」這句話也不奇怪了。我本身也正是因為

圖表5

寫作技巧的必要性

〔如果具有寫作技巧的話〕

- 工作速度提升
- 能夠正確傳達想法
- 說話能力提高
- 管理能力提高

▼

機會增加

學習到寫作技巧，才能像這樣撰寫書籍和文章，擔任顧問的工作。

1-2 筆者也曾寫不出來

新人時代就是不斷地被退件

直到現在我才有能力寫出這本「寫作技巧」的書。我並非一開始就能這樣流暢撰寫。當我剛成為社會人士，還在軟體供應商工作的時候，就算我完成了文件並提交給前輩，也只是不斷被退件而已。我想應該持續了一個禮拜左右吧！那是一位會指出小細節的前輩，而那些被指出的地方怎麼想都是吹毛求疵，還指示我去修正，當時我心裡都在想「給我差不多一點」。

例如在用Excel製作資料的情況下，他會檢查每一格，確認是否有套入正確公式。他會指出有一個地方表格大小錯了之類的問題，然後就一直被退件。此外，也會被說「不懂文章的意思」、「理論不通」等，而那份只有二到三頁的文件就這樣被退件了一個禮拜。雖然那時候我覺得很厭煩，但事後回想起來，也許是個非常好的經驗。

其他我還記得的是在開發軟體時代的事情。在面對客人時，我曾接收過「這邊應該怎麼做才好呢？」、「此時應該要用怎樣的方式才對呢？」這類的問題。但我卻沒有辦法好好地寫出諮詢信件。我不斷思考「這麼寫會不會很失禮啊？」、「這麼寫意思會通嗎？」，一直反覆努力、持續寫著卻完成不了。明明只是一封信而已，我就花了大概兩個小時吧！

被搞得焦頭爛額

在寫作這事情上，曾發生過一次轉機。那是我還在軟體供應商汽車零件製造軟體部門工作的事情，當時我負責的是軟體設計。

我把寫出來的設計書出交給客人過目。那位客人是軟體工程師，非常嚴格，是那種即使現在回想起來，我心裡面依然會引起波瀾的恐怖人士。只要是技術人員，沒有辦法做好工作就會被他徹底地責罵，工作做不好的人簡直就不被當成人看。當我把那四到五頁的設計書給他看時，就被指出了約三十幾個錯誤，成了滿江紅。那時候我就在想「講得這麼了不起，自己來寫寫看啊！」我當時還只有二十五、二十六歲左右。

和那篇文章奮鬥了一小段時間後，對方跟我說「那我下個週末會寫一篇範本，請你拿來參考。」當時我還在想「寫得出來就寫寫看啊！」、「我絕對會指出你的錯誤！」他是星期五告訴我的，而我星期一就看到了成品。我連一個錯誤都指不出來，真的是嚇了一跳，沒想到竟然有人可以寫出這種文章。那時我第一次深切感受到「這就是所謂的專業啊！如果沒有真正地學習寫作，在公司裡上是派不上用場的」。

在那之前，我一直對自己的日文很有自信。基本上我很喜歡看書，認為自己很會讀解文章，在高中時也很擅長「現代日語」這一科。然而那時我才知道，當我一旦要自己產出一些成果、要撰寫的時候，身為企業人士、工程師，那些都是不管用的。

也就是從那時候起，我開始學習寫作，完全靠自己摸索研究。當我閱讀那些文章技巧、作文技巧的書，發現他們大多會寫「文章要簡短」。於是我意識到要盡可能簡潔地撰寫信件，然而現在想想我做得太過頭了，那些都成了沒有溫度的冷漠信件。

同一時期，我曾因為一封寫給客人的信件而被上司責罵。客人的來信寫說：「作業系統有些奇怪」，我認為這封信的內容是指「（系統）出現這樣的狀況，究竟是怎麼回事呢？」這種情況下一般來說，會回覆說「我了解了，我們會確認後再跟您連絡」，然而當時我深信信件文章要越簡短越好，確認過沒有出現異常狀況後，我回信跟對方說「這裡無法再現此情況，請確認您使用的是最新版本後再試試慷＝看。」結果就被上司罵「你是白痴嗎？」了呢！我也是這樣不斷從錯誤中學習的。

我所閱讀的書籍

若說想達到流暢寫作的境界要做些什麼事？首先，就是逐一看完經典書籍。大家最常說的經典書籍有《理科系的作文技術》（中央公論新社）、《日本語的作文技術》（朝日新聞社）、《思考的技術，書寫的技術》（鑽石社）等等，其他不太為人所知的還有《溝通的技術》（中央公論新社）。這是一本非常不錯的書，有入選中公新書，作者為篠田義明先生。他寫的書很容易理解，在我心中是第一名。關於撰寫文章的內容，這可以說是很出眾的工具書。

《思考的技術，書寫的技術》是由麥肯錫公司顧問所寫。雖然是一本舊書了，不過據說每到新年度還是會大賣。然而這本書非常不容易閱讀。由於原本就是給想成為顧問的人看的，對很多人而言，如果要把本書當成是入門書籍的話難度太高，讓人覺得「要看得懂這本書應該得花很多時間吧？」即使不少人將其當成經典書籍而購買，但我想也有很多人只看了一半。說到入門書，我會推薦《溝通的技術》。

撰寫部落格過程中所得到的成果

除了閱讀經典書籍以外，我也會把每天得到的教訓寫在部落格上。三年來我寫了三百篇文章，第一年是以兩天一篇的頻率來寫。那時候我因為工作繁忙，每天都搭末班車回家，然而回到家以後我還是會寫下當天工作中所得到的教訓。例如把「設計企劃是怎麼一回事？」、「軟體測試是什麼？」、「人類的感情部分要如何管理？」等內容全部打成原稿，然後上傳到部落格上。我就這樣一個勁兒地持續下去，也因為如此，我把自己的所學事物文章化以後，才得以練習如何把心中的知識給闡述出來。雖然部落格的讀者並沒有很多，但持續了兩年多以後，出版社的人也問我「要不要寫成書籍」，於是我就這樣把內容整理成商業書了。

撰寫部落格即為「產出」，這麼一來，你就可以持續練習「把自己心中所得到的事物和經驗變成法則」、「將抽象化的原理、原則記在心中」、「將其傳達給別人」、「用文章的形式流傳下來」。透過不斷嘗試這些錯誤，你才可以找出自己的方法。

具體來說，流程會如同以下。

①重點是用一句話寫出「你想講什麼」
②將想法條列式出來
③建立結構
④潤飾
⑤再重新讀一遍，精煉文章

公開文章以後，就可以從讀者方獲得留言；這會成為反饋，接受後再重新寫過。之後我了解到這是一個通用方法，只要你和會寫文章的人聊天，就會發現大家都有同樣的經驗。把這個方法更加洗練過後所整理出來的，就是本書中的「寫作流程」。

誰都可以變得擅長撰寫文章，這不需要才能。也許真的有那種「沒文采」的人，如果要成為小說家那當然是另當別論，然而在工作上撰寫文章是不需要文采的。才能、語感都不需要，只要能傳達意思就沒問題，不用被誇讚是優秀文章也無所謂。唯有知識和練習是不可或缺的，而本書就會告訴大家知識與練習的方法。

1-3 寫作技巧三要素

說到底，「寫作技巧」是什麼呢？關於寫作技巧的組成要素，我認為有三個（圖表6）。

儲存表現方法

第一為「表現方法的儲存」，即是如何表現出自己所思考的事情。可以用詞彙、修辭以及有效果性的表現，你也必須要把這些都儲存起來。

圖表6 **寫作技巧的組成要素**
〔三要素蒐集齊後才能流暢寫作〕

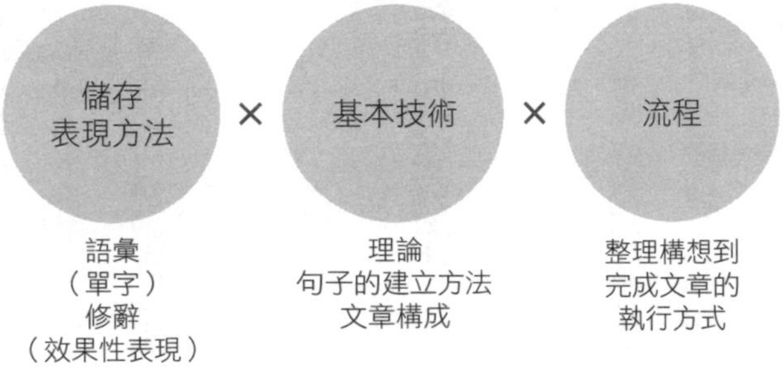

就我而言，當我在看一本書時，只要是讓我想著「這很棒」的文章，我就會把內容節錄在小筆記本上隨身攜帶，並幾度反覆閱讀。這麼一來，該呈現方法就會滲入你的腦海。

我也會活用相似詞詞典。也許家裡有相似詞詞典的人並沒有這麼多，但這真的很方便。現在也有一些近義詞詞典的APP，只要在這APP上輸入自己想要使用的詞彙並進行搜尋的話，就會出現很多類似的詞語。

例如我搜尋「管理」這個詞，就會出現「支配、左右、統率、統帥、統治、控制、制止、駕御、把持、操控、統理、約束、掌握、司令、主持、主宰、差遣、掌控、掌理、掌管、管轄、所轄、直轄、主管、轉讓、統括、總括、總覽、總理」等。養成如何選出最適合的詞語來呈現你想表達事物的習慣，在寫文章上是非常重要的。

沒有流程就無法寫作

寫作技巧的第二個要素，就是建立句子的方法——所謂的「基本技術」技巧。要縮短文章、要用歸納法與演繹法這類的說明，也許大家都已經有讀過了。而基本技術更不可或缺，例如要盡可能用長的修飾語延伸句子啦、要盡可能拉近主語和述語啦。如果沒有這些基本的技巧，就無法寫出易懂的文章。

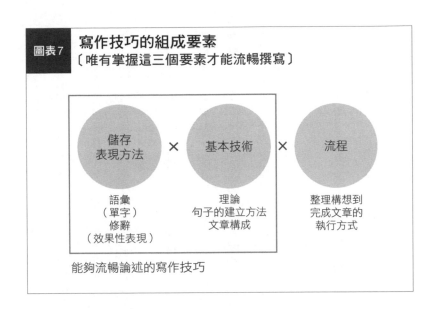

圖表7

寫作技巧的組成要素
〔唯有掌握這三個要素才能流暢撰寫〕

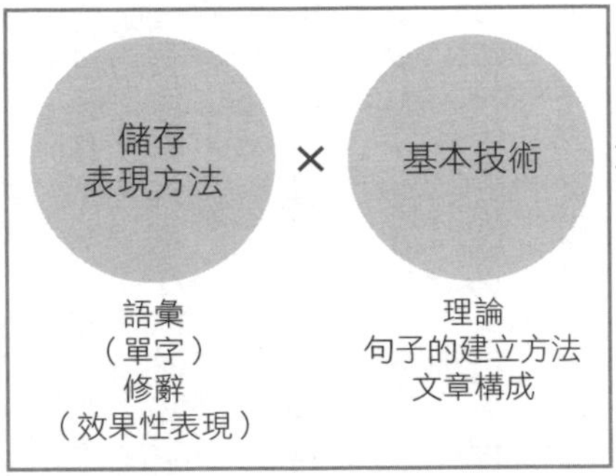

能夠流暢論述的寫作技巧

不過說到底，這些基本技術也只是零件。雖然零件很重要，但如果不曉得如何使用這些零件，就沒辦法寫出有條理的文章。此時所需的就是第三個要素——「流程」，也就是統整好想法後琢磨文章的過程，本書會詳細說明這個流程。

唯有掌握這三個要素，才能擁有「寫得出來」的自信。排列於書店中的「寫作技巧」相關書籍，很多都有提到第一個「儲存表現方法」與第二個「基本技術」（圖表7）。

例如像是《大人的禮儀文章講座》這類書籍就有非常多，書中會整理出「這種時候應該這麼寫」等內容，最常出現的就是要使用「了解」還是「明白」哪個詞彙才好的部分了。由於「了解」帶有失禮之意，不得使用，應該用的是「明白」等等。也許沒有什麼人很注重這些，不過書中會寫出這種細微的技巧。

本書的中心主題就是第三個「流程」。在這流程中會不斷觸及到基本技術，因此首先我希望大家可以意識到「流程」（圖表8）。無關乎表現方法的儲存量多寡以及基本技術的優劣，這流程都是一樣的。只要能夠學習到流程，再一天天提升剩下來的要素就可以了。如果沒有學習到這流程的話，就永遠也無法流暢寫出來。

我重複說了很多次，首先最重要的就是「流程」。這不僅限於「寫作」上面，能力好的人了解這流程並進行模仿，在反覆練習之中琢磨技巧，這才是精通的捷徑。

圖表8　寫作技巧的組成要素
〔唯有掌握這三個要素才能流暢撰寫〕

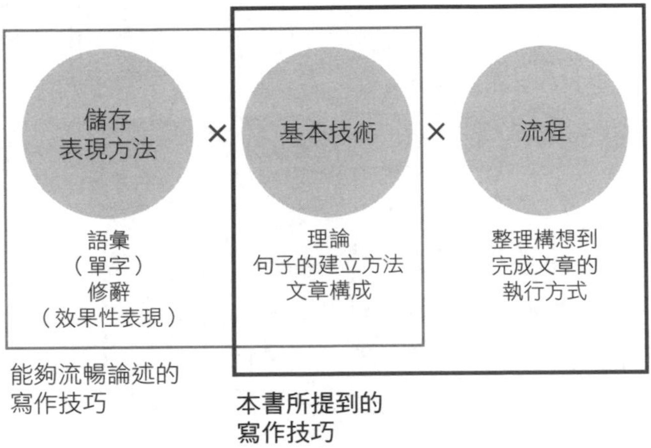

書籍是如何寫出的呢？

那麼我就以寫書的流程當成例子來說明。請大家看下一頁的圖表9，這是使用了一種名為「過程．流程．進程圖」的表記方法。是透過流程將input進行轉換，產出output，並以連結方式形成最終output，來表現出最終成果的圖表法。過程．流程．曲線圖可以簡稱為「PFD」。

圖表9 撰寫文章只不過是流程的一部分
〔書籍的撰寫流程〕

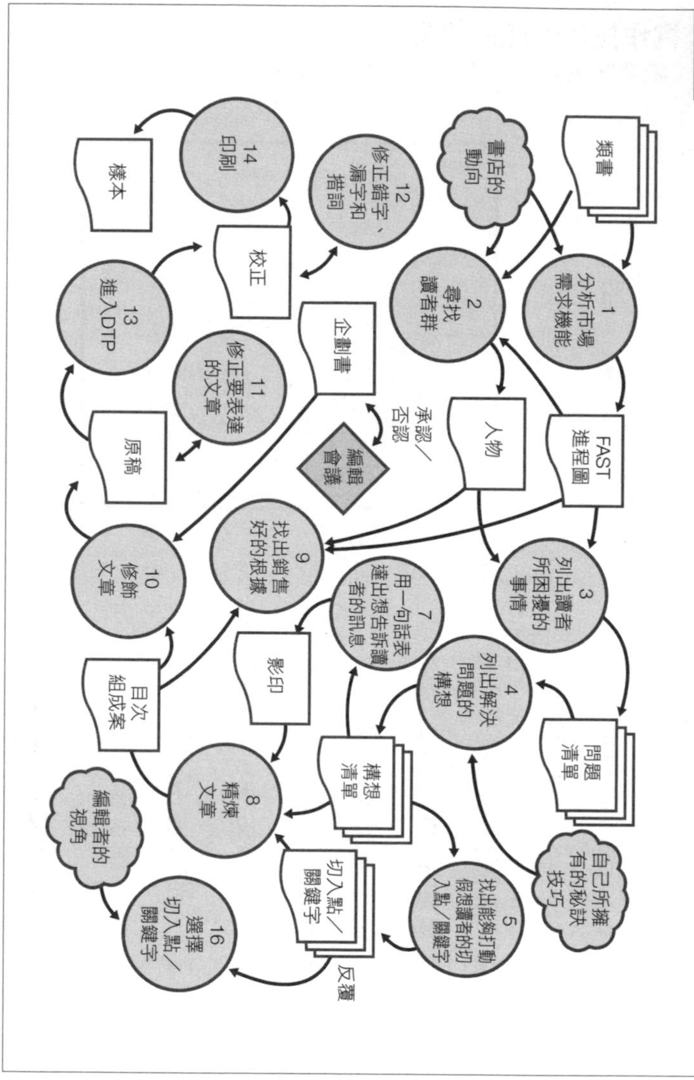

此圖呈現出了作者如何寫出一本書的流程。只要去書店，就可以看到各式各樣陳列的書籍對吧！然而排列在書架上的書和平放的書可不一樣。店員會把暢銷的、容易賣出去的及希望熱賣的平放出來，堆在客人眼睛容易注意到的位置。

在寫書時最先要做的事情就是去書店看看陳列的書、瀏覽各種排行榜，抓住現在最暢銷的書籍種類，分析市場需求機能，這就是「1.分析市場需求的機能」（圖表9-1）。所謂的機能，即為先前所說的價值工程，機能也可以說是目的。利用名為「FAST進程圖」的樹狀型態技法製作出目的與方法的樹狀圖，進而找出其目的。

接著是「2.尋找讀者群」（圖表9-2）的流程。作為一個output，必須要作出人物。例如決定出「此人為三十五歲到四十歲左右的中階經理，下屬約十個人，有老婆和兩個小孩。周末沒什麼閒暇，無法空出自我啟發的時間，但還是想要學習一些技巧。」等等。所謂的「人物」即為行銷手法之一，是個藉由給顧客具體形象來明確知道顧客有何需求、為什麼事情而困擾的角色。有時顧客腦中還會浮現出自己所知的具體人物。

本書是以研討會內容為基礎進行說明的，而在研討會的說明文中寫著「明明只是寫個信卻很花時間」及「沒辦法自信地寫出提案書」等內容。這是設定了人物以後，由「3.列出讀者所困擾的事情」（圖表9-3）流程思考而來的產物。

文章品質是由「設計」所決定

面對這些擾人的事，我們要提出「如何透過所擁有的技巧來解決」的提案（圖表9-4），並思考這些提案可以用怎樣的切入點來表現（圖表9-5、9-6）。例如這次我們就以「流程」這個切入點來說，就如同先前所述，寫作技巧有多種多樣，而本書就著眼於流程的部分。

必須和切入點同時思考的就是「如何用一句話說明想傳達給讀者的事物」（圖表9-7）。當你沒辦法用一句話表達想說的事情，及沒有要傳達的訊息時，就算寫了文章也傳達不出去。要用一句話說明「要點為何」，而這項訊息的決定方式會於後文說明。

接著把切入點和訊息當成input來精煉文章（圖表9-8），設立章節的目的即是如此。要以怎樣的順序說明什麼事情？在本書中，我們將其稱為「結構」，制定結構，決定組成案。

組成案提出後，就要找出可以大賣的證據，如「以這樣的讀者為目標，透過這樣的故事、這樣的內容及組成製作的話，書籍一定會大賣。」等並提出企劃書。以此企劃書為基礎，出版社會舉行編輯會議，此時才會真正決定是否繼續進行。在編輯會議中會討論要「就這麼做下去」，還是「這個企劃駁回」。這實在是很令人緊張的瞬間對吧？就算編輯者說ＯＫ，也有可能會被公司打回票。幸運的是，我到目前為止都沒有在編輯會議被打回票的經驗，當然，也不是說所有的企劃都會通過。要印書並在書店中販賣是需要投資的，出版社也是一種商業行為；特別是在現今書本不太賣座的年代，就更要謹慎判斷。

到目前為止的步驟、流程已經佔了全體的一半以上，然而文章卻連一行也還沒開始寫。無論企劃通過與否，都沒有辦法從文章來判別。換言之，在撰寫書籍這流程中最重要的就是寫文章的前置階段了，這和在寫企劃書、提案書、報告書等商業文書時可以說是一樣的。

書寫作業只不過是流程中的一部分

文章品質一半以上是在「設計」階段決定的，因此必須在這個階段下功夫。

假設寫一本書要花一年，那大約有九個月的時間都在進行分析和企劃，事實上撰寫原稿的只有最後三個月。換句話說，在撰寫書籍（文章）的這個企劃中，書寫作業只不過是流程的其中一部分而已。

各位讀者是怎麼想的呢？很多不擅長寫作的人都會立即開始動筆，然後喊著「寫不出來」。儘管動筆這件事情只是完成文章的一部分，卻還是立刻下筆寫文章，這是因為他們腦中沒有勾勒出一個「寫作流程」的緣故，這些都不存在於心中，實際上就只是取出了動筆的這個部分作業，然後喊著「不擅長寫作」而已。

寫作這件事情包含了思考，再經過寫作「流程」後得來的，我希望大家要先把這個觀念記在腦海裡。那些被說「很擅長寫文章」、「很會寫提案書」、「他的企劃書都會通過」的人，鐵定都有一套寫作之前的思考流程。

第二章

寫作的流程

2-1 寫作流程七步驟

技巧＝技術＋流程

在前一章，我說明了寫作技巧總共有三個組成要素。所謂「寫不出來」，很多時候是因為沒有第一個要素——「流程」的關係。雖然看一些以前作家，如小林秀雄的書可能會因為太困難而有點辛苦。不過在閱讀一般的工作文章上，是不會發生不了解意思的情況吧！大家也不可能完全寫不出文章，都會具有基本技術。

圖表10 寫作即為技巧
〔技巧＝技術＋流程〕

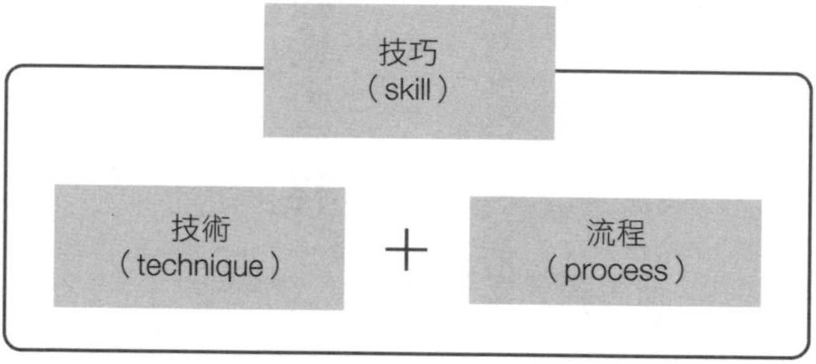

不會寫作是因為不了解流程

光有技術還是寫不出來

所謂的技巧，就是「技術＋流程」（圖表10）。在我所撰寫的書籍中，有一本書名為《提高腦袋運轉次數的四十五種方法》（Discover21出版社，與久保優希也共同撰寫）。該書出版時，我希望他們在書腰上可以印「不要再看提升能力的書籍了！」這幾個字。我收到了一些關於這些字樣的批評，如「這本書不正是提升技巧的書籍嗎？」等。然而這句話是代表「想要提升技巧，光擁有技術也徒勞無功」的意思。事實上，這本書中並沒有寫關於技術的內容，而是如何運用技術的思考模式。

在許多技巧書籍中，會寫上「請照著這麼做」之類的技術內容，但卻很少講解「應該如何使用」、「怎樣的內容（文脈）才可以使用」等等，因此幾乎派不上用場，這也是因為大家誤解了「技巧＝技術」的緣故。光有一大堆技術也沒有什麼幫助，技術與流程兩者都不可或缺。

就好比現在要讓大家記得怎麼做菜，即使分別記住「蔬菜的切法」、「魚的處理方法」、「肉的準備方法」、「湯的煮法」等，如果沒有食譜還是做不出料理。要能夠完成一道料理，必須了解是「馬鈴薯燉肉」或「漢堡排」之類的食譜，並遵照食譜來烹煮，如果沒有練習基本技術根本做不出來。

寫作技巧也是一樣的，必須要知道有什麼基本技術。而除了瞭解基本技術之外，還得依照食譜——也就是流程來撰寫。大家都會閱讀，也可以寫出短篇文章，代表擁有基本技術，唯一不足的就是食譜，也就是流程。只要有了流程，大家就都可以寫出文章來了。

透過共同認知防止偏差

在說明寫作流程之前，就先試著思考一下文章是「為了什麼」而撰寫的吧！

寫作的目的是什麼呢？一般文章，無論是企劃書或報告書都有其目的所在。工作上的文章都有一個目標，而寫文章的目標大體上可以分成三個（圖表11）。

第一為**獲得共同認知**。所謂共同認知，就是指對於某件事情有著相同理解，例如向下屬指示「現在去大阪」。「去大阪」究竟是什麼意思？如果沒有獲得共同認知就有可能導致完全不一樣的結果。原本預想對方會搭新幹線去大阪，最後

圖表11

何謂「寫作的目標」
〔所有的文章中都存在著目標〕

①取得共同認知
提供情報。 寫作方和閱讀方必須確立對主題的共同認知。在確立共同認知時，理解閱讀者很重要。

②引出期待的反應
所有的文章都是為了引起閱讀者的反應。 例如回答問題、取得支援、承認企劃等等

③留下期待的印象
即使引出期待的反應，如果印象不好的話還是會造成不良影響。要站在閱讀者的角度來思考對方抱持著什麼樣的印象。

下屬卻搭了飛機去。這麼一來，就會發生到新幹線新大阪站迎接，但實際上對方到了伊丹機場之類的情況。這都是因為沒有共同認知所產生的偏差。行動有所偏差，結果也會有所偏差，因此一定要取得共同認知。

我想各位讀者中應該有很多人從事的是專案型工作。在進行專案時如果遇到障礙，就是因為缺乏共同認知。每個人都說著「我是這麼想的」、「不對，我是這麼想的」，導致進度延遲。所以才要藉由寫文章來確立撰寫方和閱讀方的共同認知，這就是寫文章最大的目的。

促使對方動作

第二點為**引出期待的反應**。如果說「去大阪」，實際上不可能希望對方不要去。面對客戶時要寫諮詢信件也是一樣，不可能希望客人沒有回應。如果是要寫信件給上司，不外乎是希望獲得承認或反饋，一定會期待得到某種反應，因此引出對方反應也是文章的重要工作。

留下期待的印象

我們不可能僅僅希望對方動起來就好。寫信給客人時，如果對方是覺得「搞什麼，這個人的感覺好討厭」可就麻煩了。先前我也敘述了我的失敗案例，我以為文章要越簡潔越好，就回出了一封非常冷漠的信件。

雖然可能確實傳達了我要表達的意思，但我們還是得考慮閱讀方會怎麼想才行。不然可能會讓對方覺得「真是個沒有禮貌的人」。在另一端一定有對象存在，必須要思考究竟想要給對方留下什麼印象、希望對方能夠怎麼想。而這點，就是文章的第三個目標——「**讓對方留下期待的印象**」。

「獲得共同認知」、「引出期待的反應」、「留下期待的印象」，這三點就是寫作的目標。各位在往後寫文章的時候，請時常留心這三點，必須不斷自問自答「現在所寫的文章有辦法確立共同認知嗎？」、「這篇文章可以引起對方的反應嗎？」、「這篇文章是否可以留下自己所期待的印象？」等。

明明設計出來了卻沒辦法順利進行

在此，我希望大家所思考的是「品質不會超過設計」一事。所謂品質，無論是文章品質、企劃的執行品質、產品的品質都一樣，output（成果）是沒有辦法超越設計的。例如在建造一棟房子時，有可能即使設計圖馬馬虎虎，但卻建造出一棟好房子嗎？我想是沒可能吧。只要做出了很棒的商品，設計書也不會是不好的。

換句話說，做出來的商品品質必須要百分之百滿足設計，那稱為ＭＡＸ。在建造房屋時，只要照著設計圖去做就會達到百分之百，沒有可能做出比設計圖還要好的房子，在執行時也是如此。執行專案的時候，只要依照設計圖進行就會達到ＭＡＸ了，不可能做得比計畫還要好，因此設計非常重要。

說到何謂「設計」，就是指「事先思考」。在寫作之前思考、在建造房子之前思考、在執行前思考、在說話前思考，這就是所謂的設計。

整個世界都是靠設計所完成的

假設大家都想要去吃速食。這些全部都是設計的區塊，為設計出來的服務。到麥當勞的櫃台前看菜單點餐，接著移到旁邊等待領取，再到位子食用，這就是麥當勞的設計，業者設計出了這樣的服務。

這個世界全部都是由設計所完成的。在設計的背面，隱藏著「想要這麼做」的要求，因而轉變成一個形態。所有的事物皆為設計，也就是一個意圖，這必須要事前思考才行。在執行之前明確知道意圖為何並把意圖轉為形態是非常重要的，設計，然後事前思考。在撰寫文章時，於下筆之前思考現在開始要寫些什麼、要怎麼去寫、要怎麼去傳達比任何事情都還要重要。

思考是怎麼一回事

那麼，思考又是怎麼一回事呢？這些內容我都整理在上一本書《沒人告訴我的思考技巧》內，有興趣的讀者可以閱讀看看。我在這裡先稍作說明。所謂的確實思考，必須滿足三個要素（圖表12）。首先，要有「思考流程」，而每個流程都得具備「思考技巧」，也就是思考迴路。而所謂的思考迴路，指的是必須要用怎樣的「頭腦運作方法」來執行。

圖表12

「確實思考」的必要要素
〔無論欠缺何者都無法得出成果〕

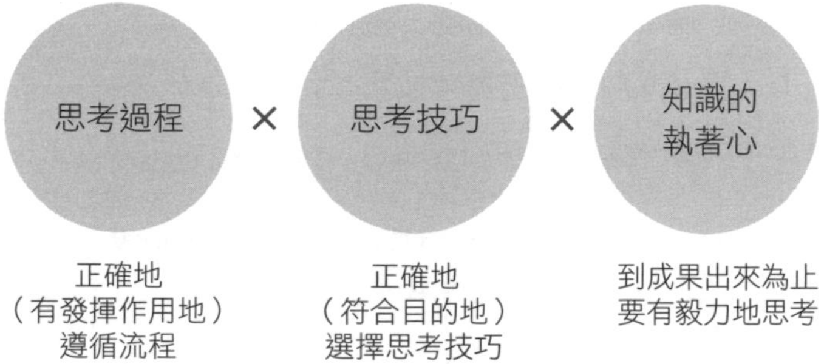

取自《沒人告訴我的思考技巧》（日經BP社）

要去思考什麼內容、要怎麼去思考，會根據每個流程的步驟而有所不同。步驟也意味著思考的切換。要完美切換這些思考，意識到現在正在想什麼並改變頭腦運作方式是很重要的。

接著在得出成果之前，必須有毅力地思考，也就是「知識的執著心」。如果是「算了，這樣就好了」這種程度的心態，是得不出結果的。專業的作家們在寫出文章之前都經歷過無數次的推敲，不斷反覆精煉。

圖表13　何謂「確實思考」？

正確（有發揮作用地）遵循流程

選出符合目的的思考技巧

更進一步思考

取自《沒人告訴我的思考技巧》（日經BP社）

一般的商業人士並不會以文章為賣點來進行商業活動，不過大家在寫文章的時間也是有拿薪水的吧！換句話說，光是寫文章也可以拿到錢。因此我希望大家對於寫文章一事能夠抱有執著心。

所謂確實思考，就是透過正確的步驟來導出答案，這裡指的「正確」即為「有發揮作用地」。有效的流程，就是只要用某種程度的某種方式來思考就可以得出答案，而你必須要因應流程中的各個步驟來選擇與目的相符的思考技巧與頭腦運作方式，這就是「確實思考」的定義（圖表13）。

圖表14　寫作流程的全體面向

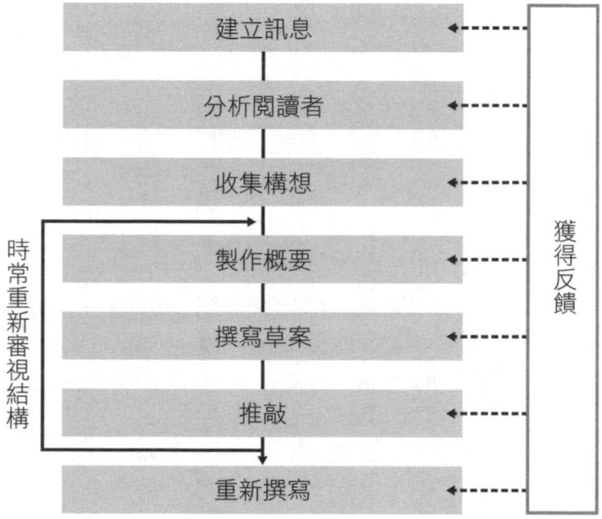

不要「捨不得」

接著我要說明寫作流程的整體面向（圖表14）。首先要決定訊息，接著分析閱讀者，之後收集構想，製作出成果，也就是結構。然後撰寫草稿、推敲後，再重新寫過。這七個步驟就是寫作流程。

各個步驟都存在的重要目的就是獲得反

饋。請把你所寫的東西給某個人看，然後得到他的評價。

還有一點很重要的，就是要常常重新審視你的結構。能夠產出高品質成果的人，都有不會「捨不得」的特徵，程序員也是如此。優秀的程序員不會執著於一度做出來的東西，而是反覆修改好幾次。我想很多人都不希望破壞自己的成品，然而真正能夠產出高品質的人，都會很爽快地將其捨棄。

撰寫文章時也是一樣，在製作出結果後，不要再也不碰寫出來的文章，而是要去精煉它，我們稱之為「啟發型流程」。相對於啟發法的詞彙是「演算法」（圖表15），所謂的演算法，即為「這麼做一定會出現答案」的方法論。在電腦科學的世界中，其計算方法就是一種演算法。相對於此，啟發法是一種「不一定會得出正確答案，但可以獲得某種程度相近於正解的答案」之方法論，也可以稱為發現式方法論。

圖表15

啟發法　heuristics

雖然不見得可以導出正確答案，卻能夠獲得接近正解之答案的方法。發現式方法論。

演算法　algorithm

為了解決問題呈現出的具體順序。「這麼做就會這樣」的確定式方法論。

寫作為發現式流程

這是一個不斷嘗試錯誤後所洗鍊出來的流程，慢慢地接近正確答案，接近答案的啟發法。所有的商業活動都可以稱為解決問題，寫文章也是如此，軟體設計亦然。

在解決問題上是沒有演算法的，不可能不經過嘗試錯誤的流程，而從零達到一百。需要不斷來來回回去修改。

專案管理也是一樣。專案管理的基本原則有一條為「階段式詳細化」，由於專案是處理「沒有做過的事情」，因此最初要在沒有任何情報的狀況進行計畫。之後情報慢慢增加，才開始把計畫精緻化的一種做法。這也是啟發法，對吧？

撰寫文章時也是一樣。先前我有說到請大家不要捨不得作品，要有更好的成果、更接近的答案，就必須反覆嘗試，而這發現式流程更不可或缺。如果沒有試著寫，就沒辦法洗練；沒有寫出來的東西，一片虛無的東西是無法洗練的，因此振筆疾書很重要。捨棄掉之後，再重新撰寫。

2-2 步驟一、建立訊息

流程的第一個步驟為「建立訊息」（圖表16）。就如同我先前所說，所有的商業活動都是在解決問題，而撰寫文章當然也是。

「問題」即為差距

那麼何謂解決問題呢？無論是問題、課題或是主題，都請先確認好是什麼吧（圖表17）！

「問題」就是差距。說到是什麼差距，即為現狀（稱之「As Is」）和該有的

圖表16 寫作流程的全體面向

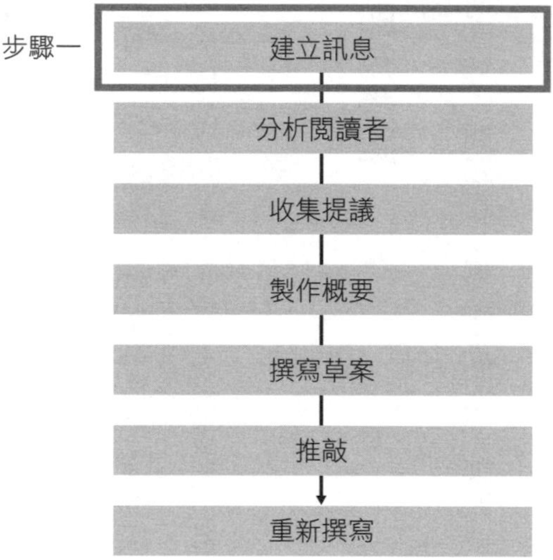

型態（稱之「To Be」）之差距。現在雖然是這樣，但我希望達到這種狀態，在達到這該有型態之前的差距。為了彌補這落差，要用什麼樣的政策、要怎麼努力就是你的「課題」。

藉由這些課題所解決的差距幅度稱之「主題」。在「To Be」和「As Is」之間有著各式各

圖表17　**問題、課題、主題**
〔解決問題就是解決差距〕

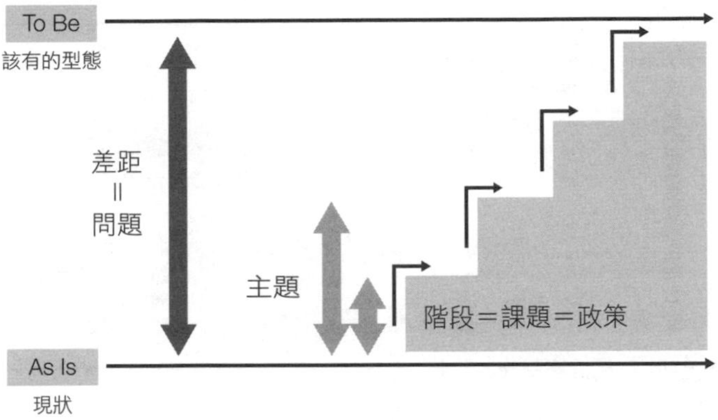

取自《沒人告訴我的思考技術》（日經BP社）

樣的橫溝，不可能僅靠一個動作就填補所有差距。

舉例來說，假設大家經營了一間餐廳，現狀是沒什麼客人來訪。不考慮第一次來的人，回頭客約佔了一半，可以的話希望能夠將回訪率提升到八成左右。換句話說，這中間存在了百分之三十的差距，為了填補這段落差，我們提出了「提升服務」、「提升品質」、「增加利用空間」的主題。為

圖表18 問題、課題、主題
〔提升重複率〕

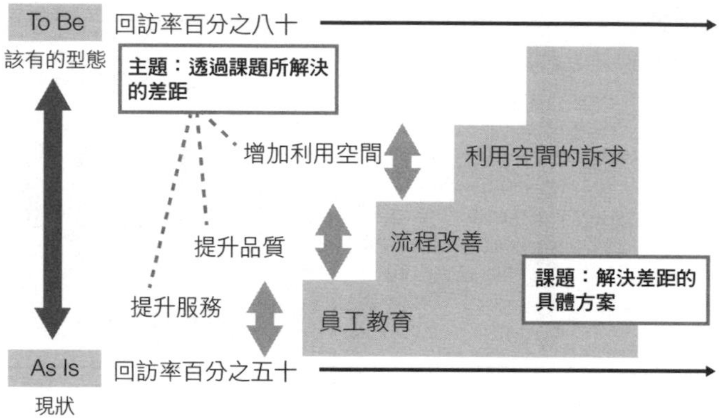

了實現這些主題，採取了「員工教育」、「流程改善」、「利用空間的訴求」這些措施，也就是課題（圖表18）。

填補差距必須要傳達出「訊息」

那麼，我們就把這個關係替換到寫文章上面。要填補這個差距，不得不傳達的就是訊息了，而要呈現出這項訊息，必須用一句話來表達，即是究竟想要說什

圖表19　**設定訊息**
〔訊息是為了填補差距時想要傳遞的內容〕

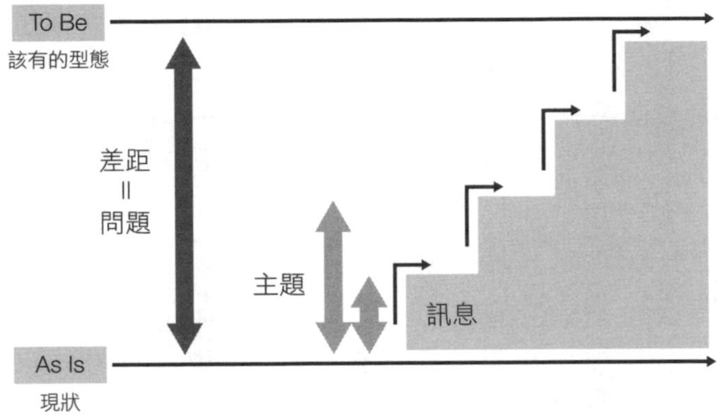

麼、所以要怎麼做（圖表19）。

我在第一本書《「零待辦事項！」的工作技術》（Subaru社）中也有提到，寫文章的其中一個祕訣就是像要對「老媽」報告那樣地寫。

例如專案可能會延遲時，如果要向老媽說明此事，應該要怎麼講？大概只會說「這樣下去會來不及，幫我延一下期限」吧。你不會說一堆不重要的情報，也不會說明事情原委。當你在思考要講什麼的時候，思考如果是對身邊的人訴說，你會怎麼表達？這就是你想要說的事情（＝「訊息」）。

思考如何用「一句話」說出來

假使現狀（「As Is」）是顧客沒有可以判斷商品是否優良的情報，雖然想要讓他們買自家的商品，顧客卻缺少了解商品優劣的技術，換言之，現狀為缺乏判斷情報。相對於此，該有的型態（「To Be」）是希望能讓對方了解自家公司的優點與特徵，讓客人覺得「商品比其他公司還好，想要用看看這間公司的產品」。

為了填補As Is和To Be的這段差距，必須要傳達什麼事情呢？當然，一定要告知「我們的優點在這裡！」、「別的公司沒有！」、「只有我們有！」吧！此外必須用一句話來呈現。要怎麼用一句話來填補這段差距，就是所謂的訊息。

圖表20　**提案書的訊息**
〔無法用一句話表達＝無法思考〕

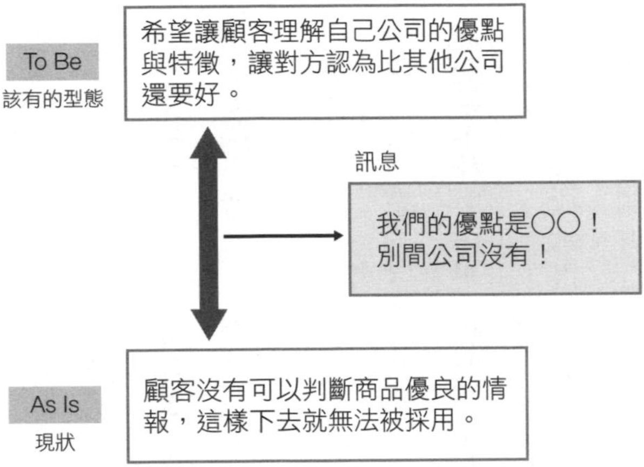
To Be
該有的型態
希望讓顧客理解自己公司的優點與特徵，讓對方認為比其他公司還要好。
訊息
我們的優點是〇〇！別間公司沒有！
As Is
現狀
顧客沒有可以判斷商品優良的情報，這樣下去就無法被採用。

若無法用一句話表達，就是你想不出來，代表這些資訊在自己腦中也很模糊（圖表20）。應該有人曾被說過「所以你到底想說什麼？」、「目的是什麼？」、「到底是什麼？」吧？無法用一句話來說明是因為腦中思緒沒有整理好，無法呈現出明確的形象。找出這關鍵的一句話，就是思考訊息、建立訊息。

呈現出擅於寫作之人的思考迴路工具

那麼，到底應該思考什麼樣的訊息才好呢？請看看圖表21。上面寫著「As Is」和「To Be」，正中間寫著「全體訊息」，也就是以「期待的反應」和「想留下的印象」為框架描繪出想要表達什麼，這就是撰寫文章時的思考迴路，可以表現出擅於寫作之人的思考模式。

此表格也可使用在日常生活上。一旦習慣了，不特別使用表格也無所謂。只要思考現在想要傳達什麼、現在是怎樣的狀態、想要達到什麼境界、期待對方的反應為何、想要留下什麼印象、想要傳達的訊息是什麼就可以了。

我們來思考一下撰寫本書時的表格（圖表22）。而現狀——也就是「As Is」為何。就算寫作工具增加了，還是有很多人沒有機會練習，認為自己並不擅長寫作。他們不知道即使收集了這些技術、基本技巧、修辭和詞彙等表現方法，如果

圖表21

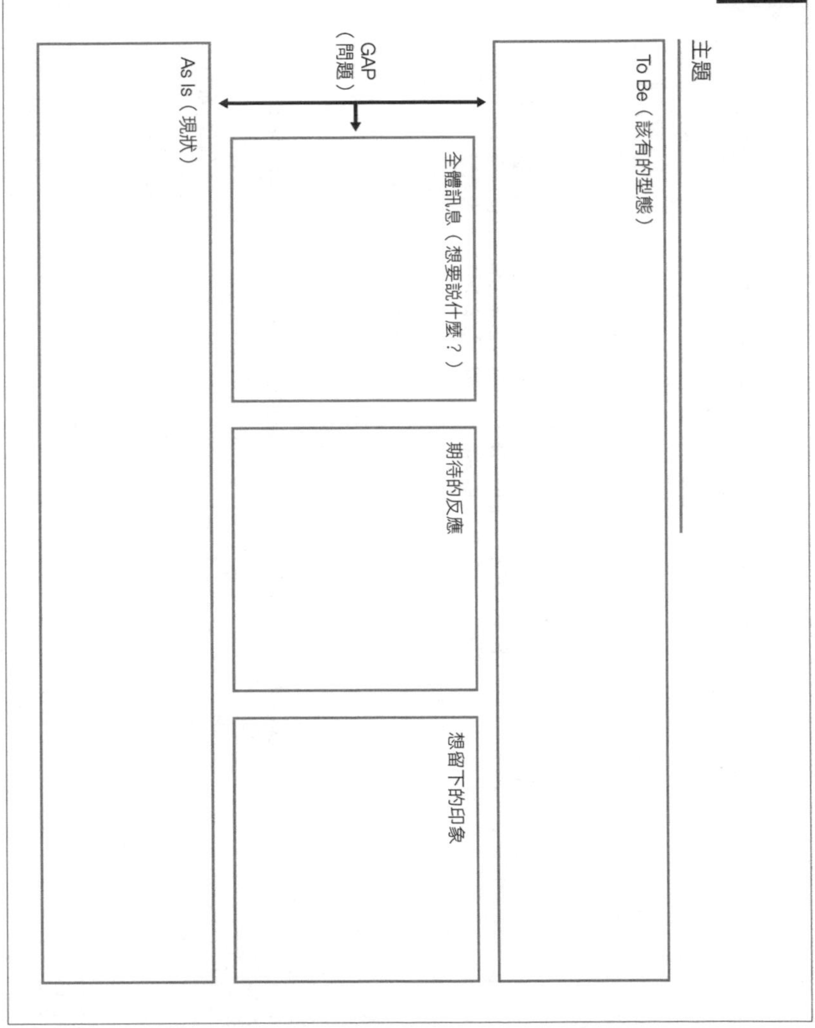
主題
To Be（該有的型態）
GAP
（問題）
全體訊息（想要說什麼？）
期待的反應
想留下的印象
As Is（現狀）

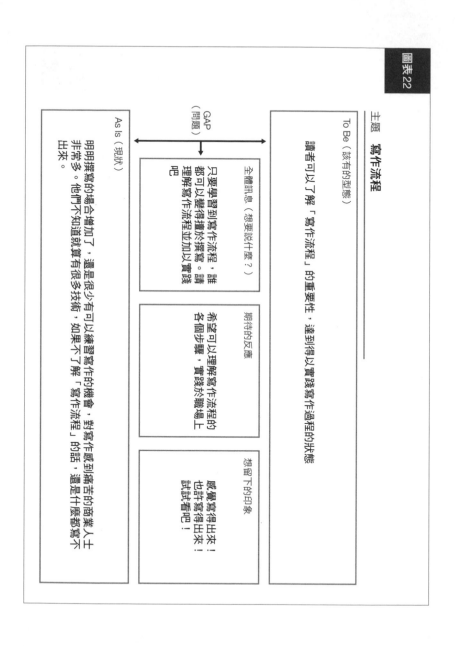

圖表22

主題　**寫作流程**

To Be（該有的型態）

讀者可以了解「寫作流程」的重要性，達到得以實踐寫作過程的狀態

GAP（問題）

全體訊息（想要說什麼？）

只要學習到寫作流程，誰都可以變得擅於撰寫。請理解寫作流程並加以實踐吧

期待的反應

希望可以理解寫作流程的各個步驟，實踐於職場上

想留下的印象

感覺寫得出來！
也許寫得出來！
試試看吧！

As Is（現狀）

明明撰寫的場合增加了，還是很少有可以練習寫作的機會，對寫作感到痛苦的商業人士非常多。他們不知道就算有很多技術，如果不了解「寫作流程」的話，還是什麼都寫不出來。

沒有流程還是寫不出來，這就是現狀。

相對於此，我希望能夠把這些閱讀本書的讀者帶到什麼境界呢？我期望讀者們可以知道「寫作流程」的重要性，並達到得以實踐的狀態，這就是「To Be」。那麼訊息為何？只要學習寫作流程，大家都會變得擅於寫作。不需要語感，只要練習就可以改善，因此希望大家了解寫作流程並加以實踐，這就是訊息。

那麼期待的反應又是什麼？大家在閱讀完本書之後，我希望能夠引起什麼樣的反應呢？若說到我期待大家的事情，即為理解寫作流程的各個步驟並實踐於職場上。這就是期待的反應。

最後，想要留下什麼印象？就如同我剛才所說的，希望大家可以達到覺得寫得出來、也許寫得出來、試試看吧的狀態。因此我要傳達的訊息為「只要學會這流程，每個人都做得到」。這就是訊息。

試著把「變更建立系統」當成「訊息」案例

我們來試著思考別的例子吧！例如建立系統。建立系統需要使用者與供應商。我們就先以供應商的立場來看。在建立系統時，很多情況都是定義完要件後才要求改變，大家說「請改一下這裡」、「請改一下那裡」。變更越多，所花的時間就越多，正因為耗時，才陷入了無法如期交件的狀況。我們明明就很努力做了，卻沒有辦法將這些努力傳達給使用者。

「To Be」是什麼呢？即為該有的狀態。如果列出這些想要達成的狀態，就會像這樣吧（圖表23）！

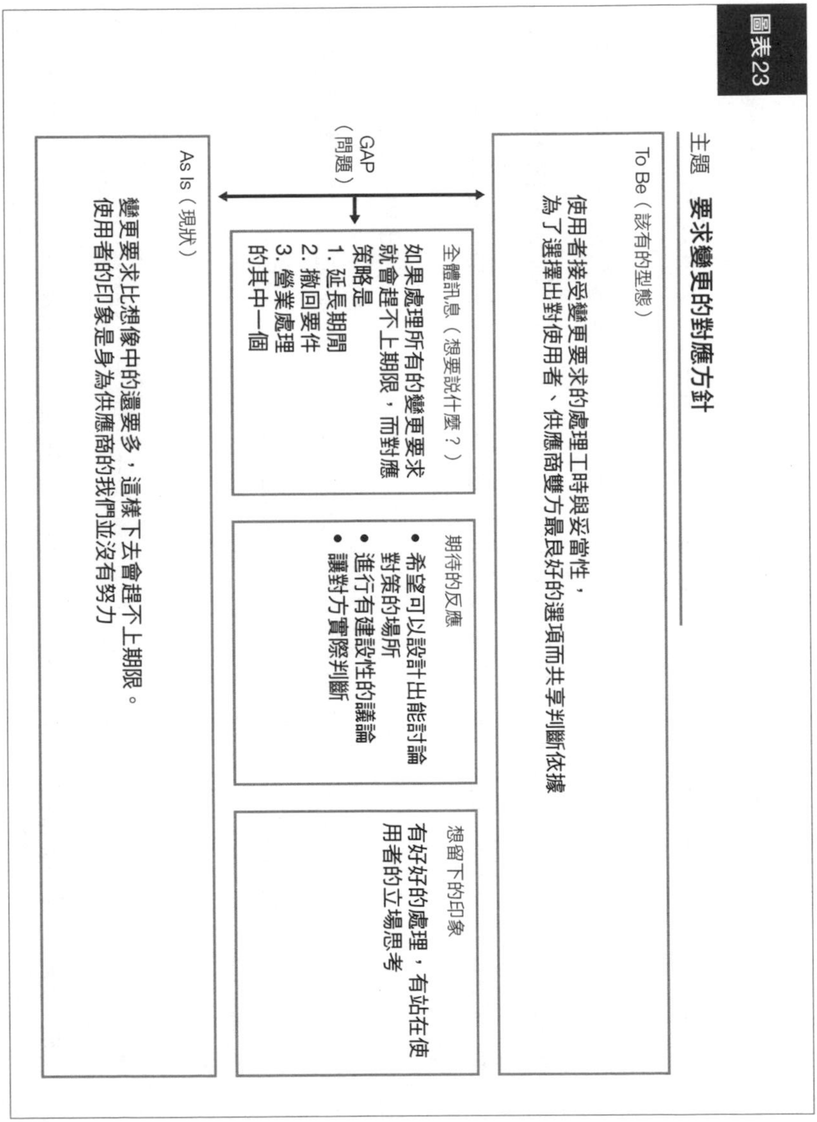
圖表23
主題　要求變更的對應方針
To Be（該有的型態）
使用者接受變更要求的處理工時與妥當性，
為了選擇出對使用者、供應商雙方最良好的選項而共享判斷依據
GAP（問題）
全體訊息（想要說什麼？）
如果處理所有的變更要求就會趕不上期限，而對應策略是
1. 延長期間
2. 撤回要件
3. 營業處理
的其中一個
期待的反應
• 希望可以設計出能討論對策的場所
• 進行有建設性的議論
• 讓對方實際判斷
想留下的印象
有好好的處理，有站在使用者的立場思考
As Is（現狀）
變更要求比想像中的還要多，這樣下去會趕不上期限。
使用者的印象是身為供應商的我們並沒有努力

使用者接受了變更要求的處理工時和妥當性，希望他們也能了解變更會花多少時間。而為了選出對使用者、供應商雙方都最好的選項，還必須共享判斷依據。

這就是確立共同認知了。絕不能沒有共同認知，否則會產生不信任感。希望能讓對方認為「這很妥當」、「理所當然」，所以才必須維持共享判斷依據的狀態，這就是「To Be」。

那麼應該傳達的訊息、為了填補差距最適當的訊息又是什麼呢？大家想表達的是「如果處理所有的變更會趕不及」。因此，這次的訊息是從延長期限、要件撤銷、營業處理這幾個選項中選一個出來。

說到期待的反應，首先就是設置一個「場所」——議論場所、處理對應的場所，期望可以進行非批判性而是有建設性的討論，又或者是實職上的判斷，這就是期待的反應。而想留下的印象是讓對方（此情況下為使用者）有「真的幫我們確實處理好了！」的正面印象。

事前決定要說什麼、建立訊息，就是寫作流程的第一步驟。

2-3 步驟二、分析閱讀者

寫作流程的第二個步驟是「分析閱讀者」（圖表24）。為何一定要分析閱讀者呢？那是因為溝通品質是由對方來評價，文章亦然。所謂的溝通，光只有自己表達是無法成立的，還必須要有接受的人。而這個溝通品質是由接受方來評斷。是否有傳達出去，也是接受方來判斷的。因此瞭解接受方、瞭解閱讀者是非常重要的事情。

很多人都沒有考慮到閱讀者，只一意孤行地表達自己的意見，連專業顧問也是如此。他們是發表、提案的專家，然而很多使用者都提出了「我沒有特別想知道這個」、「才不是這個問題」、「這和我們的文化不合」這類的意見。

圖表24　寫作流程的全體面向

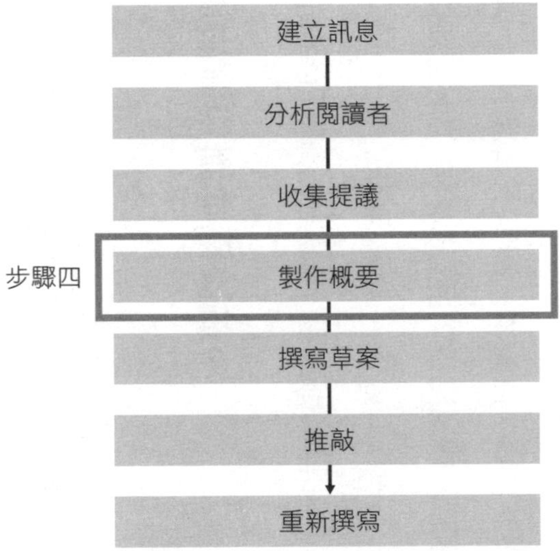

我曾經以PMO（專案管理公司）的身分加入使用者企業的情報系統部門，那時有很多機會可以聽到軟體供應商的提案。但我很少覺得「原來如此，想得真周到」、「真是個站在客戶立場想的提案」。大多時候我都覺得「好像不太對」。這是因為他們對於閱讀者的分析太淺薄了。提案不是要說明供應商想做、可以做什麼，而是要訴說客戶的需求才對。因此分析接受者是不可或缺的。

究竟要怎麼分析才好呢？總共有四個要點（圖表25）。

①閱讀者是誰？有什麼立場？

第一項很理所當然，就是「閱讀者是誰」。這個文書是要給誰的、誰會看、那個人有什麼立場，都要考慮到。根據立場不同，對方對問題的意識也會改變。假設你現在要向客戶提交系統開發的提案書，閱讀者是誰？大多是客戶的情報系統部門負責人。不過可不僅僅只有這些。導入系統以後，身為直接用戶的業務部門人員也會看得到，還有像我這樣的外聘諮詢顧問也會看，必須考慮到其中誰為主要的讀者、誰又能影響這些決策。

圖表25

分析閱讀者

〔文書的需求會因閱讀者而改變〕

①閱讀者是誰？有什麼立場？
閱讀者是誰？ 是一個人？或數人？有沒有文件不受對方管轄的可能性？ 對方處於什麼立場、身負什麼責任？

②閱讀者對於背景、故事有多少了解？
閱讀者有多了解主題背景和故事？ 閱讀者有多少前提知識呢？

③閱讀者有怎樣的問題意識？
閱讀者有什麼樣的價值觀？ 閱讀者的懸念是什麼？ 閱讀者的思考傾向是什麼？

④閱讀者喜歡怎麼樣的表現，和撰寫者的距離感是？
閱讀者通常用怎樣的表現方式（說法、寫法）？ 閱讀者知道自己的事情嗎？ 知道的話，距離感是近還是遠？

再者，我更希望大家注意到也許會有文書不受到其管轄的可能性。例如提案書，閱讀者不僅是客戶企業的負責人，其上司也會審閱，有時候經營層亦然。很多情況下是就算負責人直屬上司說ＯＫ了，馬上進入到簽約階段，經營層打回票。當文件處於這樣的狀況，就必須考慮到究竟誰有可能閱讀。

②閱讀者對於背景、故事有多少了解？

第二點，就是要事先了解閱讀者究竟知道了多少背景與故事。如果不了解對方掌握了什麼程度的前提知識，就不會知道要從哪裡開始說明、要怎麼用文章表現。因此一定要考慮到對方是否理解至今為止的狀況，也必須根據對方的前提知識去改變用語使用方法。使用專業用語是好是壞？這會改變對方的印象。專業用語是一把雙刃劍，假使對方是同個業界的人，就很容易透過使用專門用語來確立共同認知。但若是不同業界的人，反而拉大距離。

專業用語很方便也很麻煩。例如諮詢師參與案件後，第一個進行的就是了解客戶業界。換句話說，即為了解客戶的業界用語，這麼一來才能理解意思，讓對方認為「**這個人很了解我們公司呢！**」反之，如果使用了對方不理解的用語會非常危險，可能帶給對方「**這個人根本沒有為我們公司考慮！**」的印象。

在系統開發案件中，業務與ＰＭ這兩個職位的工程師常常會一同列席，此時就會出現很多做蠢事的工程師。他們不知道要說什麼才好，也常會讓身為同個業界的我無法理解。就像「launch（發射）」，這是用來表示商品或服務問世，但我幾乎沒有用過。雖然我會用「service in」、「cut over」、「release」等等，卻不會使用launch。再說使用者也完全不了解這些。

並不是說要完全去除外來語。第一，日文中沒有的概念只能用外來語的片假名呈現。硬要用日文就會欠缺正確性。我想說的是，不是外來語會讓人感到莫名其妙，而是要注意別使用對方不懂的語言。

專業用語能夠成為與對方之間的橋樑，也可能讓對方感到距離更遠。事實上我曾遇過一位狂用外來語的工程師，他得不到使用者的信賴，還被客戶說「如果要由他負責我就不想委託貴公司了。」為了避免這樣的事態發生並獲得對方信賴，一定要分析對方究竟知道什麼、有什麼樣的前提知識、在怎麼樣的業界裡生存。

③閱讀者的懸念為何？

第三項是要了解對方有怎麼樣的問題意識。閱讀者抱有何種價值觀？有著何種懸念？這都會根據立場和人的個性而有所不同。

對方抱有何種問題意識，對於在文章中可以傳達出什麼內容，以及要用何種型態傳達有很大的影響。從結論上來說，重視成果的人很容易對「究竟多少錢」、「這可以賺得到錢嗎」投入大部分的興趣。而同樣是成果主義，重視「達到結論前的過程」的人，在得出結論之前一定會說明清楚至今為止的策略。

另一方面，重視公司內個人立場的人，往往會思考「這樣能夠向上司說明嗎？」、「我的評價會不會下降？」等問題。問題意識會根據人而有所不同，因此提案也必須隨對方改變才行。

常常有人會說「文章要從結論開始」，但我無法斷言必然要這麼做。隨著對方的問題意識，想從何處開始了解、詢問等等都會有所不同。

無法回應問題意識的道歉信

就來跟各位介紹前幾天我所遇到的案例吧！我常常搭計程車，也總是帶著塞滿資料的公事包；大部分沒辦法在電車中閱讀，所以會在計程車裡看。

若是從自家出門，我通常會利用手機ＡＰＰ叫車。然而前陣子發生了當天突然顯示「不在叫車區域」的錯誤事件。當時我實在沒有辦法，就打電話給客服說「ＡＰＰ無法使用，出現了不在叫車區域錯誤」。結果客服卻說「如果是關於ＡＰＰ的問題，請洽別的單位。請問是否要叫車呢？」

因為我急著出門，無可奈何之下也只能委託叫車。這時對方卻說「請告訴我住址。」我不自覺地「咦？」了一聲。我問說「難道沒有登錄住址嗎？」，對方只說「沒有」。就算我繼續說「太奇怪了，我可是一直在使用耶？」對方還是只會回答「沒有登錄」。最後我只得告訴對方住址，才終於進入叫車階段。明明只要花數十秒就可以叫完車，最長也不過是一到兩分鐘。但我就這樣聽著語音等了十五分鐘以上，依然沒有解決問題，就把電話掛掉了。最後我也不知道究竟有沒有叫成功，客服中心也不把我當回事，於是我就打電話給附近的營業窗口說「從昨天就出現問題」，然而營業窗口無法處理，我只好試著打給總公司諮詢窗口。很不巧地遇到休假日，又只有語音不斷說著「請在上班時間內撥打」。

後來我就在網站諮詢寫了整件事情的始末。表格上可以選擇諮詢種類，我選了「投訴」。幾天後我收到了回覆信（圖表26）。

各位看了這篇文章後覺得如何呢？乍看之下是一封很有禮貌的信件，但卻沒有回應到閱讀者的問題意識。

首先，身為投訴者的我抱有何種問題意識呢？我都已經特地選擇「投訴」，應該可以很輕易了解我正在生氣吧？如果我一早收到這份回應，整天心情都會很差。明明我一直在使用該APP，為什麼要受到這樣的對待？一定要先回答我的這個問題意識才行。

然而實際上看了這封信以後，最初是寫了「非常感謝您這次聯繫敝公司，關於您所指出的問題就容我做以下說明」對吧？就算別人感謝我，我也很困擾。我

圖表26

分析閱讀者

〔根據閱讀者來改變文書需求〕

芝本先生

非常感謝您這次聯繫敝公司，關於您所指出的問題就容我做以下說明。

APP上顯示不在叫車區域，以及告知住址後讓您等候過久的這些狀況都是因為〇月〇日無線中心轉移時引起的系統障礙所導致。

客服之所以說明芝本先生的住址沒有登錄，也是受到系統障礙影響造成顧客數據無法正常顯示，客服才因此誤認為芝本先生是新進用戶。

客服的對應造成芝本先生極為不快，在此獻上由衷的歉意。

為了不要引起相同的狀況，敝公司會徹底教育員工。

承蒙您平時的愛戴，因為我方的不周之處造成您的困擾，再次向您致歉。

若您還有任何疑慮，請隨時向我們連絡。

今後還請您多多指教。

並不想要指責任何人，原本這就不是指責，而是投訴。

若沒有理解問題意識，就會搞錯傳達順序

再者，信上是從「ＡＰＰ上顯示不在叫車區域，以及告知住址後讓您等候過久的這些狀況都是因為〇月〇日無線中心轉移時引起的系統障礙所導致」這段話來說明狀況。然而從用戶的角度來看，大家應該會認為「在講這事之前應該先好好道歉」吧？也就是說沒有回應到閱讀者的問題意識。

此外，上面還寫著「客服之所以說明芝本先生的住址沒有登錄，也是受到系統障礙影響導致顧客數據無法正常顯示，客服才因此誤認為芝本先生是新進用戶」，用戶會覺得這種事情無所謂，因為投訴上確實寫了「明明一直在用，卻因為沒有登錄而不被當一回事」。換句話說，用戶的問題意識是「明明說了對方卻

聽不進去」，這點也是完全沒有回應。

這種情況下，用戶（也就是我）的問題意識首先為「明明一直在用，為何會受到這種對待？」，以及「為何會變成這樣？」，最後才想知道「接下來該怎麼做？」的對策。

我想說的是，如果沒有理解對方的問題意識，就算寫了多麼有禮貌的文章，還是會造成反效果。

④配合和對方的距離感來選擇表達方式

分析閱讀者的第四項，就是了解閱讀者喜歡怎麼樣的表現方法。只要看對方的文章就會明白了，從對方會用怎樣的寫信方式、怎樣的文件撰寫方式，就可以得知對方偏好的表現。例如對方是光寫信也會寫出柔和文章的人，還是生硬文章的人呢？這會根據和自己的距離感而有所改變。配合與閱讀方之間的距離感、閱讀方所認為的距離感來做調整是很重要的。

信件造成的失敗談

就讓我來說一件因為信件造成的失敗談。有一位名為波田陽區的喜劇演員，他的口頭禪是「太——可惜了！」。那時有一位客人來信，上面就寫著「太——可惜了！我是○○啦～」。那是一位和我交情非常好的客人，內容也沒什麼問題，我想這應該是飲酒會邀約之類的。

我回信給對方說「我了解了」。接著對方馬上來了電話，問道「芝本先生，您生氣了嗎？」如果對方在開玩笑，你卻沒有用玩笑來回覆，會讓人家覺得是否惹怒了你，這就是我的失敗談。雖然我知道是在開玩笑，卻不曉得如何回應，最後才做出制式回覆。現在回想起來，至少可以用稍微柔和一點的書寫方式。面對對方所要求的距離感，我卻用非常生疏的方式來回信，這就有點失敗了。

反之，明明對方不覺得和你很親近，你卻回了一封很親暱的訊息，對方會認為「這傢伙真失禮」。重點在於要比自己認為的距離感、對方接受的距離感再更禮貌一些最為恰當。

透過SNS誇獎，會變成說教

SNS最容易失敗、也最常發生的就是用「自然而然地說教」（圖表27），也就是用「我的論點為……」這種寫法。看到這樣的文章，容易會讓人覺得「他是這方面的專家嗎？」。此外誇獎其實也很危險。例如用SNS介紹一本書時，如果你誇說「這是我至今為止看過最棒的書！」讀過的人可能會感到疑

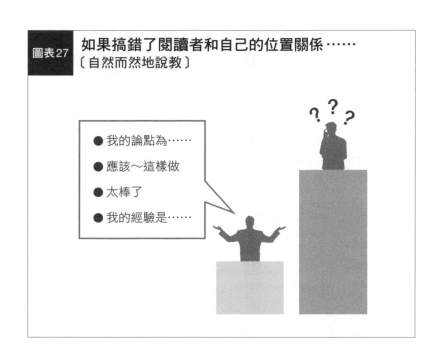

圖表27　如果搞錯了閱讀者和自己的位置關係……
〔自然而然地說教〕

惑「總共有多少書？」因此「自己的經驗」是非常危險的。很多人都用自己很了不起的口吻、過度浮誇，完全沒有意識到誰會看，導致自然而然地說教。

有一些人在面對客戶和上司時會採用這種自然而然地說教。「從我的經驗來看是這樣」、「我是這麼做的」。職場上也時常出現這種狀況。例如對上司說「你很認真在讀書呢！」，會讓人覺得「你以為自己是誰啊？」如果搞錯了閱讀者和自己的地位會很麻煩的，不懂得分析對方就會變成這樣。

所謂的閱讀者分析，就是了解閱讀者。這是給誰看的？閱讀者是怎樣的立場？他有什麼前提知識與背景？擁有什麼樣的問題意識？必須要掌握對方喜歡的表現方法為何，以及距離感（圖表28）。

閱讀者分析案例～處理系統變更要求～

就讓我們以步驟一「建立訊息」時說明的系統設置案例，來試著分析閱讀者。想傳達的訊息是「如果處理所有的變更就會趕不上期限」。供應商一定得向用戶傳達這些訊息才行。首先我們來思考「閱讀者是誰」，就假設為用戶企業的情報系統部長吧（圖表29）！

圖表28

閱讀者的分析

閱讀者是誰？

閱讀者的立場是什麼？

對於主題，閱讀者有什麼前提知識與情報？

閱讀者有什麼問題意識？

閱讀者喜歡的表現為何？

閱讀者和撰寫者（自己）的距離感為何？

圖表29

閱讀者的分析

閱讀者是誰？

用戶企業的情報系統部長

閱讀者的立場是什麼？

這次專案的管理負責人
情報系統部門負責人

對於主題，閱讀者有什麼前提知識與情報？

了解這個專案的制定原委。
有開發經驗，掌握系統工程的全體知識。
可以判斷工時的妥當性。

閱讀者有什麼問題意識？

對於作業內容及工時妥當性非常嚴格。
曾經發生超過成本的案例，想要避免追加成本。
只要理由妥當，就會積極地協助解決問題。
缺乏妥當性之事會全盤否認。

閱讀者喜歡的表現為何？

不喜歡迂迴的表現。
喜歡結論與根據明確。
必須有定量的判斷基準。

閱讀者和撰寫者（自己）的距離感為何？

已經持續一年共同進行這項專案。
雖然不太有距離感，但對於親暱夥伴
依然保有禮儀的類型。

接著思考「閱讀者有什麼立場」，我們可以了解是這次的專案負責人，也就是管理供應商的負責人。

那麼這個情報系統部長「有什麼前提知識呢」？如果對方是工程師出身，那就有系統工程領域的概觀知識。既了解開發流程，也能判斷工時的妥當性。換句話說，他明白變更需要耗費工時。同時他，從這項專案成立就開始參與了，就算不用詳細說明狀況，對方也能夠理解。

接著是「有什麼樣的問題意識」。對方理解開發流程、知道變更需要怎樣的流程，也了解必須花費多少工時。反過來說，如果流程和工時缺乏妥當性，就絕對不會被認可。此外，假使超過了當初的預算，身為情報系統部長也會盡可能避免追加成本，不過對於用戶來說，他們想要製作出有價值系統的想法非常強烈。

對方喜歡的表現為何？由於是工程師出身，不喜歡迂迴的表現，雖然不是每個人，不過工程師出身的人很多都喜歡「實」，無論是社交辭令還是形式上皆然。他們不喜歡用類似這種「那麼，關於教授的部分就請多多指教了」、「實在是誠惶誠恐……」的表現方式。有著明確結論和根據的事情才重要。距離感也是如此。如果一起進行專案持續一年以上，就沒什麼距離感，但對於親暱夥伴依然保有禮儀。

我們就是在分析這些事情，這樣才能看出什麼人喜歡怎樣的表現方式。在寫作前只要先思考過，寫出來的內容就會完全不一樣。如果什麼都沒想就會完全搞錯狀況。事先制定訊息、了解文章要寫給誰、對方是怎樣的人等等，這些分析都是非常重要的。

2-4 步驟三、收集提議

流程的步驟三是「收集提議」（圖表30）。提議就是意見。當我們說到「提議」時，會抱有創意、嶄新的印象。但這只是單純的「意見」，重要的是要「毫不猶豫地說出來」，總之就先提出再提出，篩選是以後的事情。

提議的收集方法，有以下幾種。

①條列式寫出來
②寫在便條紙上
③自由地寫在白紙上

圖表 30 寫作流程的全體面相

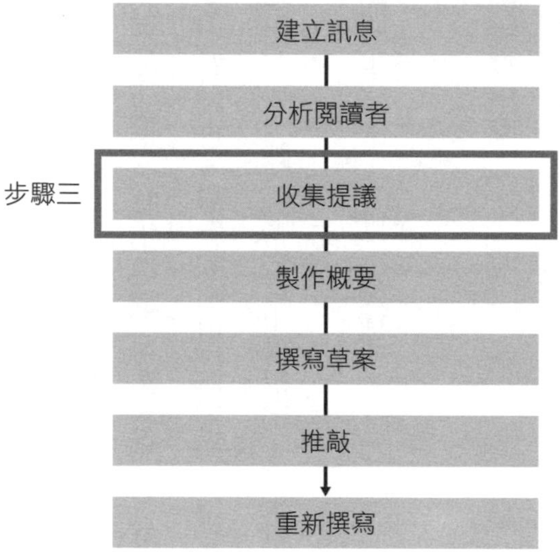

④使用概要編輯器（outline editor）
⑤把書當成是構想的幫手
⑥收集所想到的事情

「①條列式」是把想到的事情自由地寫出來，我在寫信時常會這麼做。寫信時不要一下就開始寫，首先要列出幾個想傳達的訊息，進行整理、編輯順序後再組成，思考「這樣是否能夠傳達」並寫成文章。

使用便條紙的提案技巧

「②便條紙」是和條列式類似的方法，不過便條紙的話就能簡單替換跟分組。在分組時，可以用「親和圖法」、「KJ法」。

親和圖法的作法非常簡單。

一、把想到的提案原封不動寫在便條紙上

二、將這些便條紙分類

三、在各個組別註記標示

就只有這樣。

例如我在寫「履歷表」的自我推銷時，當然要提出自己的經驗和個人介紹中的推薦重點。像是「軟體專案的管理經驗」、「流程改善的實績」、「從新商品企劃、設計到販賣支援的綜合經驗」等。我本來就是文組，大學是英美語文學科，專攻語言。因此我就可以用「從完全沒經驗到成為工程師」來推銷我自己。

我在進入軟體供應商前沒有做過程序設計，也沒學過軟體工程與電腦科學。

即使沒有這些經歷，我依然想成為工程師，因此進入了軟體供應商。雖然很辛苦，不過正因為有這項經驗，當我站在教育團隊跟下屬的立場時，才能教大家「如何把困難的事情變簡單」。而我也變得「能夠教大家學習流程」了，這也可以成為我推銷的一部分（圖表31）。

接著以「相似者近，不似者遠」的方式，將這些提案分類。重點在於不要用「語言關聯」來分類，而是一邊問「這究竟是怎麼回事？」然後分類成「相似者、不相似者」。如果是用語言關聯就很難有新發想。

以「軟體專案的PM經驗」為例，用「相似與否」來考慮的話，就會變成以下狀況。首先就用便條紙來試著思考「這究竟是怎麼回事」吧！

圖表31 **提案**
〔活用便條紙，自由發想〕

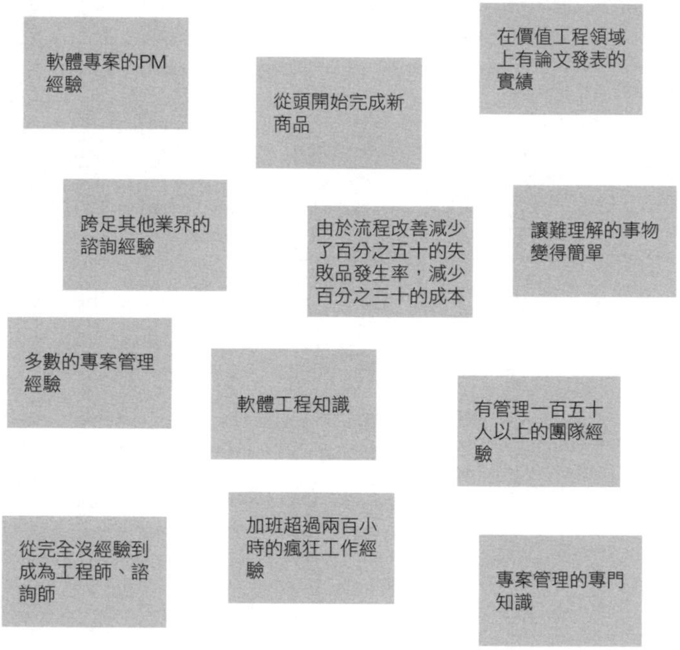
軟體專案的PM
經驗
從頭開始完成新
商品
在價值工程領域
上有論文發表的
實績
跨足其他業界的
諮詢經驗
由於流程改善減少
了百分之五十的失
敗品發生率，減少
百分之三十的成本
讓難理解的事物
變得簡單
多數的專案管理
經驗
軟體工程知識
有管理一百五十
人以上的團隊經
驗
從完全沒經驗到
成為工程師、諮
詢師
加班超過兩百小
時的瘋狂工作經
驗
專案管理的專門
知識

- 軟體專案的ＰＭ經驗↓（所以這是？）↓有專案管理的知識
- 多數的專案管理經驗↓（所以這是？）↓除了理論、方法論以外，還了解現場狀況

這麼一來，這裡的「專案管理知識」，也代表「價值工程在理論、知識的意義上也很『相近』」，因此放在近。若把軟體工程知識、價值工程知識、專案管理知識變成一組，就可以發現到「擁有整體系的知識」、「可以傳達整體系的方法論」這些推銷要點。

此外，也可以考慮「從了解現場的意義來看，瘋狂工作經驗也很『相近』」。只要連結「專案管理」，就可以發想出兩者皆為「能夠管理專案」了。

同樣地，我們再試著以「從完全沒經驗到成為工程師」為例。

●從完全沒有經驗到成為工程師↓（所以這是？）↓了解學習技能的挫折點

像這樣，只要思考「所以這是？」的問題，就可以想成「這和讓難理解的事物得簡單很『相近』」了。

接著我們用「是否相近」來分組，會了解到即使是小團體中，也存在著「是否相近」的問題。再進一步把小團體分組，就會變成如圖表32那樣。

最後，我們要思考這些組別「如何用一句話來表現」，並加以標示。例如我們試著考慮用一句話來說明「從完全沒有經驗到成為工程師」和「讓難以理解的

圖表32

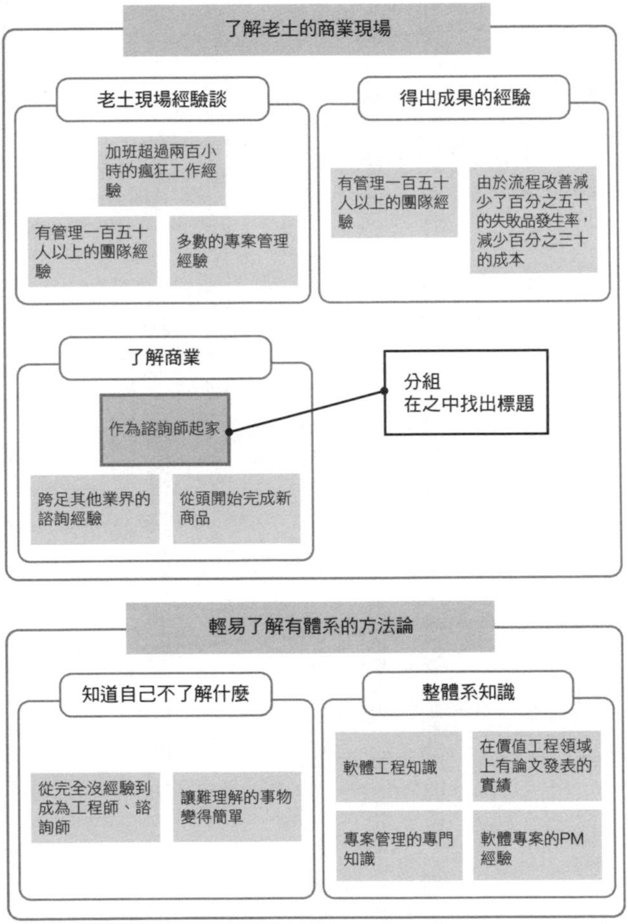

了解老土的商業現場
老土現場經驗談
加班超過兩百小時的瘋狂工作經驗
有管理一百五十人以上的團隊經驗
多數的專案管理經驗
得出成果的經驗
有管理一百五十人以上的團隊經驗
由於流程改善減少了百分之五十的失敗品發生率，減少百分之三十的成本
了解商業
作為諮詢師起家
跨足其他業界的諮詢經驗
從頭開始完成新商品
分組
在之中找出標題
輕易了解有體系的方法論
知道自己不了解什麼
從完全沒經驗到成為工程師、諮詢師
讓難理解的事物變得簡單
整體系知識
軟體工程知識
在價值工程領域上有論文發表的實績
專案管理的專門知識
軟體專案的PM經驗

事物變得簡單」，然後標示出「知道自己不了解什麼」。再者，我們用一句話來呈現「整體系的知識」和「知道自己不了解什麼」，就可以標示出「能夠輕易理解整體系的方法論」。

這麼一來，只要用「是否相似」來促進發想並思考「如何用一句話來表現」，光是用提議就可以找出能夠推銷的部分。

這就稱為親和圖法。此方法論也可以說是將現象（眼睛所看到的）抽象化後找出本質的流程，這個流程是解決問題的基本。當發生問題時，可以抑制一些容易產生的現象，例如魯莽地實施「由於營業額下降，要增加業務負責人的訪問數」政策。

當你想要解決問題時，最重要的是知道「問題為何」。現象就如同文字，只不過是一種「呈現」，就算追著這些跑也只會像打地鼠一樣。問題設定的基本就是將現象抽象化。

親和圖很單純，卻是在很多場合都能使用的方法論。即使很簡單也是要動腦的。只要融會貫通的話這就會是很方便的工具，請大家一定要記起來。

讓手思考

所謂「③自由地寫在白紙上」，和「讓手思考」的表現可以說極為吻合，例如先前所說「自然而然地說教」。這件事就是在白紙上用「這傢伙算老幾啊」的感覺來畫，印象就會膨脹，得以在白紙的空白處寫出很多東西（圖表33）。

再來是隨性自由地寫上要這樣傳達架構才好、會寫文章的優點、擅長與不擅長寫文章之人的特徵差異等等。此時，筆的流暢度就很重要了，也就是寫作速度能否跟上思考。我都使用水性原子筆，紙的話就用影印紙。用水性原子筆，看著

圖表33 **在白紙上寫草稿〔讓手思考〕**

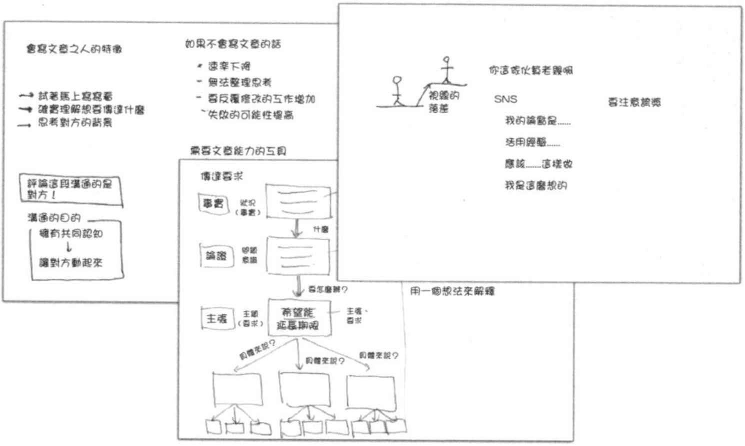

這回的研討會筆記

白紙自由書寫。此時不用考慮結構、要用什麼順序等事，只要寫出想到的構想就好。如何自由地發想出這些好主意是很重要的。

概要編輯器

另外也有使用「④概要編輯器outline editor」的方法。很多人會用微軟的word寫作，但word有書寫格式和分頁，會讓我感到很在意，沒辦法專心思考。概要編輯器就像是文件編輯的高機能版本，純文字、可以將結構階層化。若是windows OS，我使用的是「WZ EDITOR」。「WZ EDITOR」可以用「.」的數量來決定階層，例如「.標題一」「..標題二」這樣的感覺。由於可以自由移動階層中的文章，因此也算在「總之先寫出來再精煉」的流程裡面，不過最近我都在用Mac，沒有好的概要編輯器讓我有點困擾。

透過書籍來提出構想

「⑤把書籍當成是構想的幫手」，是指看了書以後把內容抓出來，用於引出自己腦中構想的一種方法。目前為止我已經說明了「思考提案」，大家可能會認為是要想出自己獨有的提案，然而實際並沒有那麼多原創的想法存在。正因為是人類所思考的內容，想出類似的事情也很正常。

此外，也很少人能夠隨意地把腦中的想法提出來。大多都會為了想出主意而努力。此時就要拿一本和自己想寫的主題一樣的書，大略看過目錄，裡頭一定會有和自己想法相同的內容。這樣你就可以引出自己的構想，這就是把書籍當成構想幫手。

我在寫自己的書時會看很多別人的作品。不是要原封不動地引用該書籍的內容，而是為了找出自己平常到底在思考什麼才看。當成是引出「我也有在想這件事」、「沒想到自己是這麼想的」等情報的幫手。為了思考，為了想出主意才看這本書，比起為了獲得情報而閱讀，我更是為了引出腦袋中的構想而閱讀。

事先抓住這些構想

還有「⑥收集所想到的事情」這種方法。如果平常就有問題意識，即可從映入眼簾的事物思考出各式各樣的事情。比如說搭電車的時候，看著車中的廣告、看著書、和人說話，這些都可以想出各式各樣的點子。假使這時沒有記下筆記收藏起來的話，就會消失不見。我想大家也曾經有過「咦？我剛才究竟在想什麼？」的經驗。

大家常會說「三上」，也就是「馬上、枕上、廁上」這三者。以現代來看，馬上就是電車或計程車吧！枕上是睡覺前、睡醒時，廁上就是廁所。

前一陣子我去美容院洗頭髮時，就想到了好幾個關於這本書的點子。洗頭中沒有辦法寫筆記，一洗完我馬上說「請等一下！」，然後用手機記錄下來。

構想是不會選擇場所的。思考再思考，突然間就這麼浮現出來了。為了不要漏掉這些構想，平常最好能養成隨時記筆記的習慣。不過大多時候我都不曉得記事本丟哪兒去了，因此我用的是便條紙和手機。

我只要想出了主意，就會用手機寄信給自己。在看書的時候也是，我會把手機放在手邊，只要有想調查的事情、想出來的點子就會馬上寄信。時常累積自己的想法是很重要的，這些都會成為點子。

2-5 步驟四、製作概要

透過目前為止的步驟，提議（材料）都已經收齊了。材料收集完後，接著就是流程的第四個步驟「製作概要」（圖表34）。概要即為「輪廓」，以文章來說是「結構」。先前我已有說明「寫作前要先思考」，而這就是主要部分。要用什麼流程、順序來傳達何事呢？換言之，就是製作故事的大綱。

例如廣為人知的童話《桃太郎》概要就如同圖表35。

從前從前，在某個地方住了一位老爺爺和老奶奶。老爺爺上山砍柴，老奶奶到河川洗衣服。於是，有一個桃子咕咚、咕咚地漂到了老奶奶腳邊，老奶奶把桃子帶回家。切開一看，裡頭出現了一個男孩，被取名為「桃太郎」。某一天，長

圖表34 寫作流程的全體面相

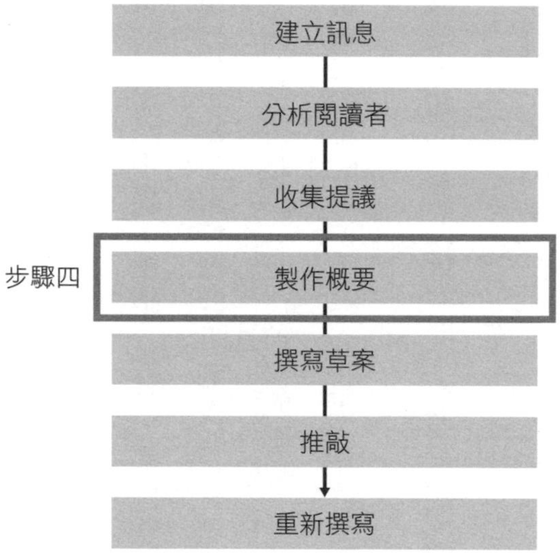

大的桃太郎向老爺爺和老奶奶說「要去鬼島把鬼打跑」，途中，他將狗、猴子和雉雞做為家臣帶在身邊，打倒鬼之後就回家了。可喜可賀、可喜可賀。

這就是桃太郎的故事概要。只要了解了故事大綱，對方就很容易理解。

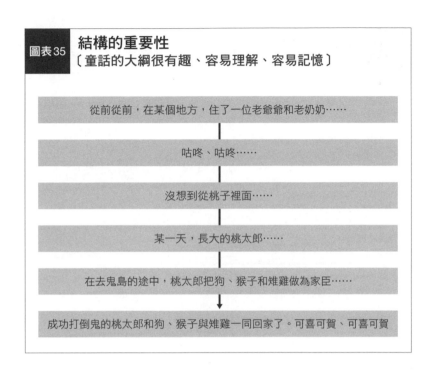

圖表35　結構的重要性
〔童話的大綱很有趣、容易理解、容易記憶〕

從前從前，在某個地方，住了一位老爺爺和老奶奶……

↓

咕咚、咕咚……

↓

沒想到從桃子裡面……

↓

某一天，長大的桃太郎……

↓

在去鬼島的途中，桃太郎把狗、猴子和雉雞做為家臣……

↓

成功打倒鬼的桃太郎和狗、猴子與雉雞一同回家了。可喜可賀、可喜可賀

避免故事太跳躍和干擾情報

既然要建立大綱並傳達給對方，最重要的就是不要讓故事太過跳躍。如果故事太跳躍，對方就會邊抱著疑惑邊試著理解狀況。例如以下案例（圖表36）。

（到被命名為「桃太郎」之前的部分都相同）

某一天，長大的桃太郎要

圖表36 **故事的跳躍**

〔如果對主軸以外抱持著疑問，內容就不會留在腦海裡〕

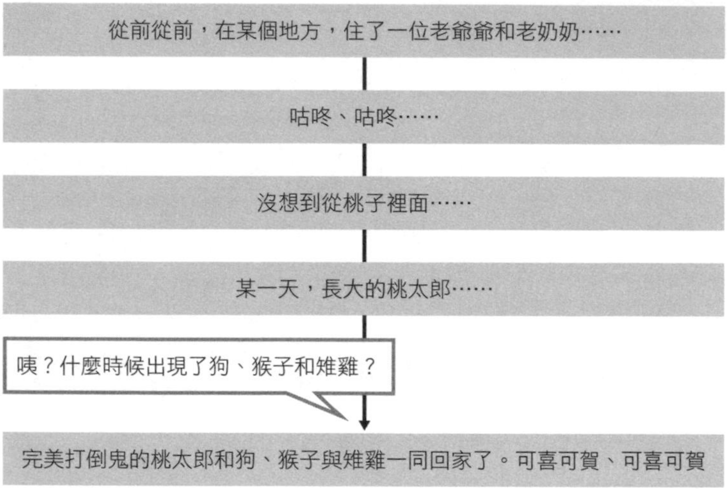
從前從前，在某個地方，住了一位老爺爺和老奶奶……
咕咚、咕咚……
沒想到從桃子裡面……
某一天，長大的桃太郎……
咦？什麼時候出現了狗、猴子和雉雞？
完美打倒鬼的桃太郎和狗、猴子與雉雞一同回家了。可喜可賀、可喜可賀

去打鬼，成功將鬼打跑的桃太郎就這樣和狗、猴子與雉雞一同回家了。

在這個故事中，大家會抱有「咦？什麼時候出現了狗、猴子和雉雞」的疑問。如果故事太跳躍，接受者（讀者）會為了找出邏輯而花費腦力，內容就不會進到腦海裡，最重要的部分也無法傳達。

除了故事的跳躍性

圖表37　**干擾情報**
〔和主軸無關的情報會使閱讀者混亂〕

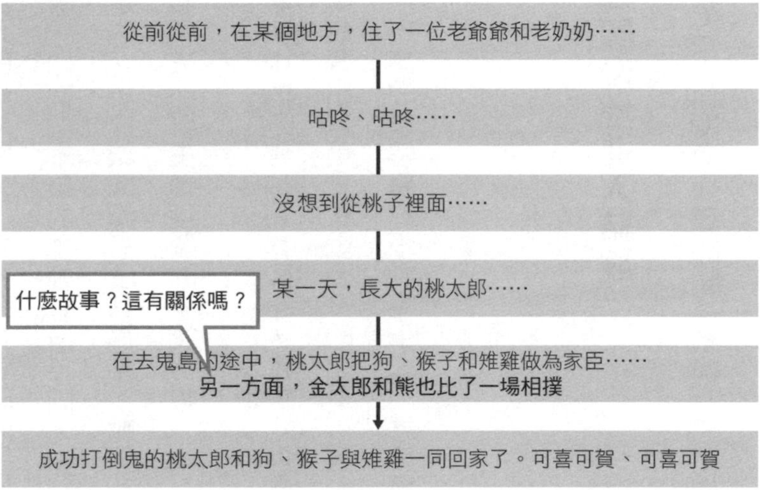
從前從前，在某個地方，住了一位老爺爺和老奶奶……
咕咚、咕咚……
沒想到從桃子裡面……
某一天，長大的桃太郎……
什麼故事？這有關係嗎？
在去鬼島的途中，桃太郎把狗、猴子和雉雞做為家臣……
另一方面，金太郎和熊也比了一場相撲
成功打倒鬼的桃太郎和狗、猴子與雉雞一同回家了。可喜可賀、可喜可賀

外，我還希望大家注意一件事。就是「不要放入干擾訊息」。換句話說，不可以在故事的主軸中加入毫無關係的情報，就如同以下案例（圖表37）。

在去鬼島的途中桃太郎將狗、猴子和雉雞做為家臣，另一方面，金太郎與熊也比了一場相撲。

這樣的走向很不合理對吧？明明在講桃太郎的

故事，和金太郎毫無關係。然而在實際的商業場合上，常常會遇到這類含有干擾情報的文書。即使與本來的主軸有所不同，卻因為「那也想講、這也想講」，於是就加了進去。這會讓閱讀者感到混亂。雖然在發想時可以自由提出，但在思考概要時就必須去除與主軸無關的干擾情報。

這個案例中的干擾情報是《金太郎》，好像還無所謂。如果是完全無關的話題，例如突然冒出《美少女戰士》的故事，就完全不明所以了。加入這些跳躍式的情報，把所想的事情原封不動寫下來，就會變成這樣，因此故事的主軸、結構是很重要的。

透過結構圓滑地進入結論

結構是為了什麼而存在的呢？結構有三個機能（圖表38）。其一是為了「順

圖表38

建立架構

〔何謂架構的機能〕

①順利地把閱讀者引導到結論

如果順著架構（主軸）展開議論，閱讀者就可以預防受挫。

②讓閱讀者抱持疑問

藉由給予情報讓閱讀者抱持「疑問」，就可以進行理解接下來故事的準備。
透過回答閱讀者的疑問，說服力也會提高。

③促進理解，穩固記憶

只要故事連結起來，閱讀者的理解就會加深。
用架構輸入資訊，閱讀者也會更容易記憶。

利地把閱讀者引導到結論」。假使順著主軸展開議論，閱讀者就會覺得「接下來會講這個話題！」得以進行心理準備。反之來說，如果是有違閱讀者心理準備的故事，閱讀者就會感到混亂。

其二為「讓閱讀者抱持疑問」。只要閱讀者產生了「這是怎麼一回事」的疑問，故事就會負責解答這個問題。透過建立故事脈絡，得以控制閱讀者所抱持的疑問。若用先前的桃太郎案例來說，讀者會因為「桃子咕咚、咕咚」這句話產生「咦，發生什麼事了？接下來會怎麼樣？」的疑問。這時，再回答「老奶奶帶回家把桃子切開一看，裡頭出現了一個男孩」。

面對對方的疑問，只要確實點出答案，就可以提高文章的說服力。反之，如果無法正確回答出問題，就會背叛閱讀者的期待，給閱讀者帶來壓力。

其三為促進理解並穩固記憶。只要故事連結起來，閱讀者也會變得容易理解和記憶。反之，假使故事複雜難以理解就會記不起來。桃太郎的故事很簡單，所以現在還記得吧？

用結構來輸入資訊，就可以獲得這樣的優點。

用導言來給閱讀者「地圖」

故事雖然有各種變化，不過最開始一定會有個「導言」。用桃太郎舉例，就是「從前從前，在某個地方，住了一位老爺爺和老奶奶」的部分。這段話會讓人認為「這個故事就要開始了！」使對方有心理準備，心想「這到底是什麼樣的故事？」心理準備完後就想要往下看、往下聽，期待「是怎樣的故事？」能不能讓對方閱讀下去，就是靠導言所決定。導言也稱之「前言」或「序言」。

導言會明確說明「這到底寫了關於什麼的內容」，來引發閱讀者的興趣。對閱讀者來說，就像是「地圖」一般，告訴大家「我會用這種方式來說明唷！」的地圖。導言擔任事先告知故事順序的角色，交付地圖後再進行說明（圖表39）。

就例如本書的主題為「寫作技巧」。我在最初就說明了會以「流程」為中心來講解寫作技巧，也就是說我一開始就交付了「流程的全體面相」的地圖。於

圖表39

導言的角色

〔對方會不會看，是由導言＝前言來決定〕

①明確說明在撰寫什麼事情
透過事先宣言，讓閱讀者有心理準備。 要鑽研某焦點來說明主題。 例）「本提案書會說明系統導入的優點以及到導入為止的流程」

②引發閱讀者的興趣
要讓對方認為這是自己有必要閱讀的文書。 產生認同感。 例）「希望透過導入系統，著眼於業務流程改善的問題」 例）「系統開發的成功率約為百分之三十三」

③交付閱讀者「地圖」
重新傳達架構，讓閱讀者可以一邊確認現在地一邊閱讀。 目次＝地圖。 要注意若地圖太詳細，閱讀者會失去興趣。 例）「首先，我會說明貴公司所要求之敝公司的理解以及探討之後如何解決」

是，大家了解本書的故事展開「會用這個流程的順序解說」。以此為前提，我只要適當地提供「現在是流程中的哪一個步驟」，大家就可以明白當下情況了。

假設我沒有給大家看流程的全體面相就進行說明。

如果沒有呈現流程圖就持續講解的話，我也不知道內容要怎麼樣進行下去，更不了解現在講到哪裡。

在企劃書和提案書中，最先出現的一定是目次，也就是用目次來交付地圖。再者，會以「概要」或「招呼語」、「前言」的形態，說明「本提案書呈現了敝公司對該專案的理解，並說明提供的解決方案、預算、行程和體制」來促進對方的心理（閱讀）準備。此外，一份好的提案書必須加入可以確認現在位置——「目次的某一部分」的投影片。不然閱讀者就只能將一開始所輸入的資訊放在腦海中對照了，這樣在理解上會很辛苦。

概要結構一、報告型

工作上時常使用的有「事實、情勢判斷、意見提交」。佐佐淳行先生所寫的

圖表40　報告型概要
〔想要簡短報告時〕

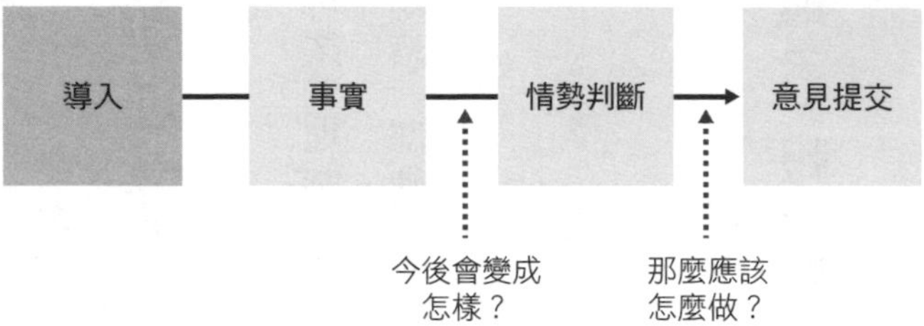

《從重大事件學習「危機管理」》（文藝春秋）中，就有寫到「電梯簡報」一事。

當發生事件時，沒有時間向領導者說明冗長的狀況，必須在前往執勤室的電梯中簡短報告。此時我們會使用名為「事實、情勢判斷、意見提交」的「報告型概要」之故事型態（圖表40）。

假設在冷戰時期發生了「蘇聯連續發射飛彈」的事態，這就是可以用概要來說明的事實。情勢判斷為「數小時後飛彈就會到達華盛頓特區了」，意見提交為「馬上迎擊」。危機管理時若想要簡短地報告，只要有這三個構成要素，就可以馬上向對方傳達想說的事情。

大家常常說「報告、連絡、商討」很重要，其中「報告」最為要緊。一般說要「在緊急時間報告」、「壞事也要報告」。然而在進行報告、連絡、商討時，大家卻不知道要傳達什麼才好。就算向下屬說「趕緊去報告、連絡、商討」，卻沒有告知到底要傳達什麼。如果能教對方「報告時，請一定要以事實、情勢判斷和意見提交的方式來說明」，就非常明確了吧！這就是廣為使用的概要。

假設系統開發時發生延遲狀況，而現在必須將此事報告給上司，請上司和客戶聯絡。若有意識到事實、情勢判斷和意見提交的概念，就會像下方下：「現在行程會延遲兩週（事實），照這樣下去可能會來不及營業（情勢判斷），因此希望期限可以延長（意見提交）」（圖表41）。

讓我們試著站在閱讀者的立場。聽到了事實（會延遲兩週）以後，腦袋中就

圖表41 報告型概要
〔延長期限的案例〕

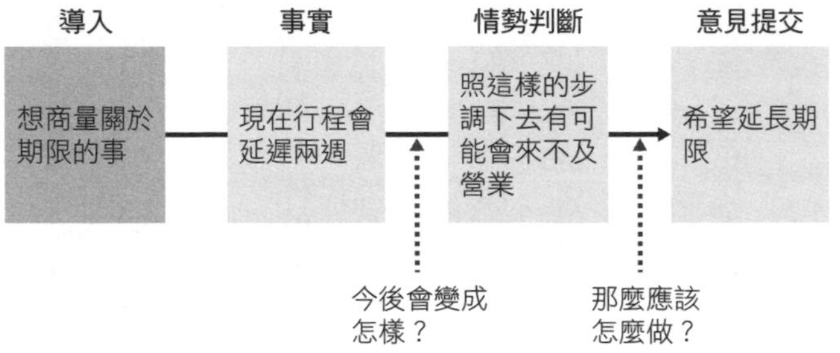

會浮現「今後會變成怎樣？」的疑問。做為情勢判斷，此時傳達的訊息為「這樣下去會來不及」。於是接下來會浮現出什麼問題呢？「應該怎麼做才好？」、「應該怎麼辦？」。而意見提交是「就這麼做」。這是一個非常簡單的架構。

概要結構二、要求型

想向對方要求某事時，「要求型概要」最為有效。這是用「狀況、問題意識、要求（概要）、要求（具體的）」的一種脈絡（圖表42）。若想和對方要求某事，就

圖表42 要求型概要
〔希望對方做某事時〕

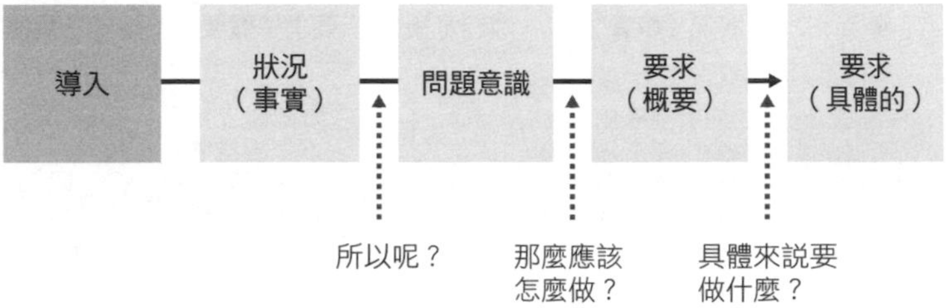

可以用「RFP（Request For Proposal）」。所謂的RFP，就是在面對承辦業者時，把訊息整理成文書的檔案。而除了RFP以外，被稱之「Statement of Work」的作業範圍聲明書也很有效果。所謂的作業範圍聲明書，就是專案擁有者在面對領導者時，將所有要求整理出來的檔案。在「希望對方做某事」時，用「要求型概要」來向對方傳達會比較容易。

假設我們要向自家公司的專案領導者提交「請制定新商品開發專案」的要求文書。事實是「雖然目前本公司成長非常順利，但

圖表43 要求型概要
〔專案要求案例〕

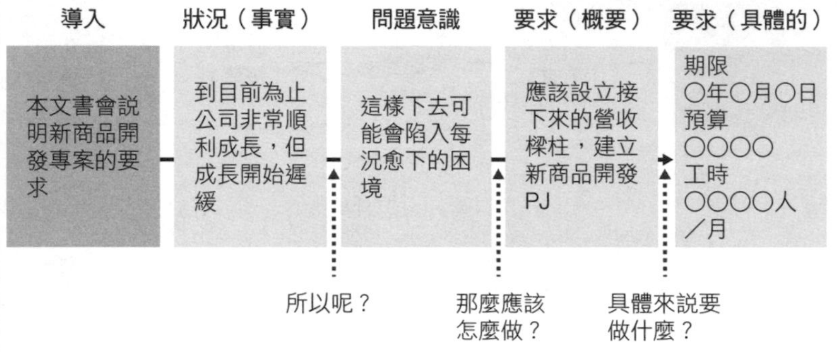
導入
狀況（事實）
問題意識
要求（概要）
要求（具體的）
本文書會說明新商品開發專案的要求
到目前為止公司非常順利成長，但成長開始遲緩
這樣下去可能會陷入每況愈下的困境
應該設立接下來的營收樑柱，建立新商品開發PJ
期限
〇年〇月〇日
預算
〇〇〇〇
工時
〇〇〇〇人／月
所以呢？
那麼應該怎麼做？
具體來說要做什麼？

成長速度卻持續下降」。相對於此，閱讀者就會詢問「所以呢？」。事實對方已經知道了，寫出對方知道的事情只是白費功夫。光傳達已經知道的事情，只不過會引發「所以呢？」的疑問罷了（圖表43）。

面對這個事實，必須要傳達出「再這樣下去可能會陷入經濟困難。雖然至今成長順利，但不久後營業額就會下降。」的問題意識。接著就產生了「這確實是個問題，那麼應該怎麼做」的疑問。

面對這項問題，只要寫出「應該建立之後的營業額樑柱，也就是成立新商品開發專案」，大家就會認為「原來如此」。這是「要求型概要」，為了傳達「想要委託這個專案」。

聽到了要求概要以後，對方會浮現出「具體該怎麼做？」的疑問。此時就要具體陳述「期限為何、工期為何，請用多少預算、多少人力來完成作業」。

首先要建立共同基礎，也就是這有什麼問題、要怎麼做、具體做法為何的架構，並按照順序回答對方的問題。這也很廣泛使用，且非常容易上手。

通用型概要

最通俗的結構，流程為「導入、結論、支援、結論」（圖表44）。由於任何案例皆可使用，又稱「通用型概要」。這裡說的支援就是證據。這是寫完結論後

圖表44 **通用型概要**
〔想向對方傳達自己想法時〕

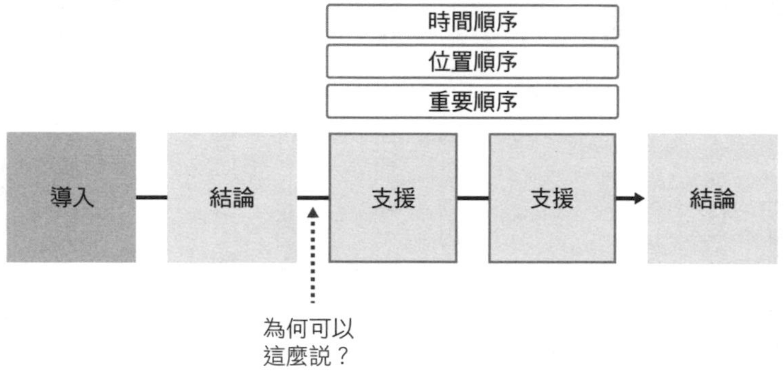

列出一項以上的證據，最後說明結論時再統整一次的架構型態。證據可以只有一個，也可以是複數。當證據為複數的情況，就要依照重要順序、位置和時間列來展開。

試著用身邊的案例來思考吧！就例如小朋友向家長要求買玩具的情況。導入用「爸爸，我有想要的東西……」來激發父親的心理準備，而父親就會想「要來討東西啦！」小朋友傳達結論：「我想要新的玩具」。此時父親說「不是前一陣子才買過嗎？」，於是小朋友也會回答「是兩個月前了喔！」這是一個支援點。接著他還會不斷提出證據如「〇〇也有啊」、「沒有這個的話就不能和大家一起玩」、「我會好好做功課」等。由於這些證據也許可以說服父親，小朋友才會依序提出來，即為「重要順序」，接著最後說明結論：「好不好～買給我嘛～」。整個架構很流暢地完成了對吧？父親也會說「真拿你沒辦法，一定要好好做功課喔！」，然後被說服。

試著用提案書來思考。導入部分我們會提出「本提案書整理了貴公司要求的理解程度及提案內容」的地圖給對方。接著就會先寫出結論：「從實績和要求實現程度的觀點來看，敝公司最能回應要求」（圖表45）。

先看到結論時，閱讀者的腦中會浮現出「為何可以這麼說？證據在哪裡？」的疑問，面對這些問題，必須展開「理由是這樣」的支援點，例如「敝公司有豐富的類似專案經驗」以及「會符合貴公司要求進行」等等。最後再一次重申結

圖表45 通用型概要
〔提案書範例〕

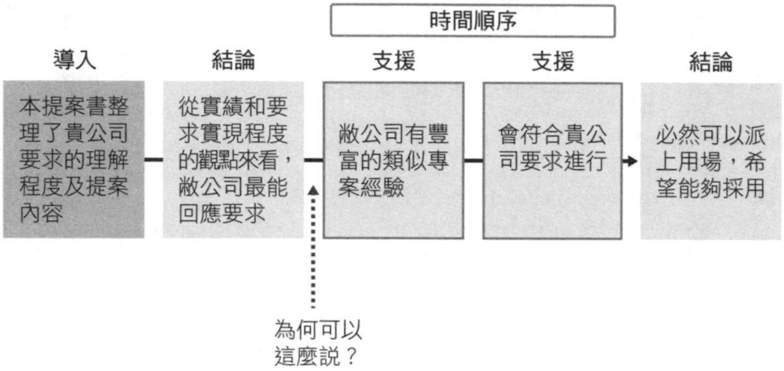

論，說明「必然可以派上用場，希望貴公司能夠採用」。

回應閱讀者最大「疑問」

關於概要（故事、脈絡）的型態，我說明了「報告型」、「要求型」和「通用型」這三種。無論使用何者，都必須透過整體架構來回答對方的「疑問」。對方有怎樣的疑問會依據文書性質有所不同，要驗證現在自己所寫出的文章會讓對方抱有何種疑問，以及是否可以回

圖表46　**閱讀者最大的「疑問」是什麼？**
〔可以用整個架構來回答閱讀者的疑問嗎？〕

●提案書
「為何不是其他公司，一定要你們才行呢？」

●企劃書
「為何現在必須要實行企劃呢？」

●履歷表
「僱用你的話我們會有什麼好處？」

●設計書
「是抱持怎樣的想法做出這樣的作品呢？」

答這些問題。

　企劃書最大的疑問就是「為何現在必須要執行此企劃？」了吧！履歷書則是「僱用你的話我們會有什麼好處？」、「為何不是其他人，而是一定要你才行？」，而設計書則一定要回答「是抱持怎樣的想法做出這樣的作品呢？」等問題（圖表46）。

2-6 步驟五、撰寫草案

寫作流程的第五步驟為「撰寫草案」（圖表47）。這就是以目前為止所說明的內容為基礎，再試著撰寫出來的內容。可以用手寫，也可以用電腦的編輯器。

許多關於文章術和寫作的書籍中，都會講到「請注意這個部分」。例如把文章縮短、要這樣加上註釋等等。然而實際在寫文章時，如果要一個個注意，那可就寫不出來了。

圖表47　寫作流程的全體面相

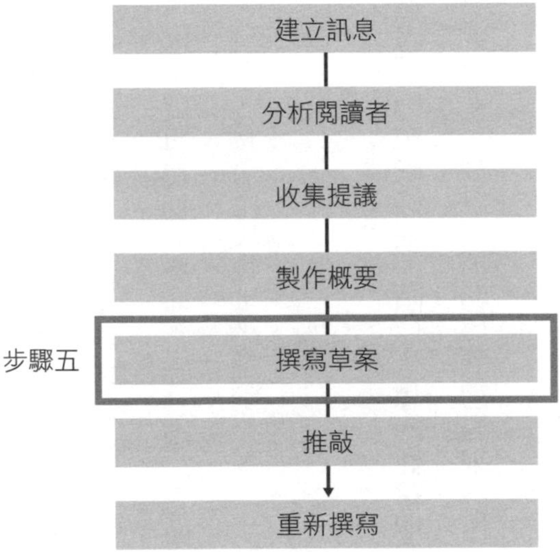

抱著捨棄想法寫作

要變得擅於寫作，最大的秘訣就是「一開始不要寫得很完美」。

不只是文章，無論是製作或想要做出結果的時候，最困難的就是開始階段。從一開始就寫出很完美的文章，等於是從什麼都沒有的零，突然產出十、二十的結果。這個難度非常高，所以才會寫不出來。

因此，我希望大家先從零開始進展到一，從什麼都沒有的狀態到達有的狀態。雖然從零到十、二十的難度很高，但只要達到一，就沒那麼困難了。什麼都可以，總之先從零進到一的階段。剛開始要盡可能降低難度，從零到一，或是零點一也可以。就算起初成果並不好，總之先做出一些output。這樣一來，一到二、到三、到四，接著階段性地精煉到十、二十就會很輕鬆；這個精練的基礎即為最初的一。

請遵循著選出來的概要，照你所想的輕鬆地寫。沒有必要一開始就寫出有說服力且漂亮的文章，請以丟掉初稿的前提來寫作。

我寫這本書時寫了兩次原稿。雖然初稿被捨棄了，但我並非就完全沒用裡頭所寫的東西。而是一邊看著原稿，一邊思考是否有更好的表現方法？是否要更換順序？、放入多一點案例是否會比較好理解？等等，不斷修改而成。

只要以捨棄初稿、寫兩次以上為前提，就可以安心動筆了。無論多麼拙劣，之後再重新琢磨即可。說到底，初稿的目的只是從零到一罷了。

本書第三章，我會以「履歷表」為題，讓各位讀者實際動筆。還請大家一邊閱讀，一邊試著挑戰看看。

2-7 步驟六、推敲，步驟七、重新撰寫

要「推」還是「敲」

輕鬆寫出來之後，就要開始琢磨文章，即為寫作流程的步驟六「推敲」和步驟七「重新撰寫」（圖表48）。所謂推敲，是指「寫完文章後重新閱讀，精煉、修改」。

圖表48 寫作流程的全體面相

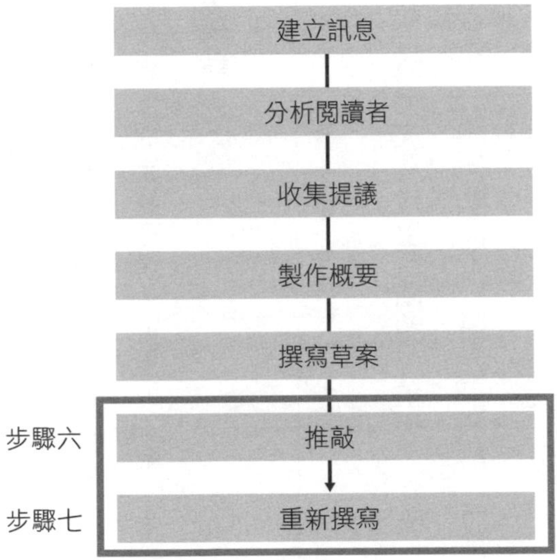

唐朝詩人賈島乘著馬寫詩，當時他寫出一句「僧推月下門」。在他思考這裡到底要用「推」還是用「敲」比較好時，很不巧地撞到了韓愈（當時的大人物）的隊伍而被逮捕。被抓到韓愈面前的賈島說明了事情始末，身為名文學家的韓愈就提出建言說「這裡用『敲』比較好吧」。之後，兩個人就一同乘著馬吟詩。

我們將「寫完文章後重新閱讀，精煉、修改」定義為「推敲」。寫出優秀文章之人也不是從一開始就寫了一篇完美文章，而是經過好幾次修改完成的作品。

就如同故事所說那樣，推敲時如果能得到反饋就好了呢！即為給自己以外的某個人看，詢問對方「怎麼想的」。如果只有自己一個人思考，就很容易陷入糾結，為了抽離這個結，最好的方法就是給第三者看詢問意見。

撰寫文章的三個基本原則

撰寫草案時「將零變成一」，也就是先把腦中的內容寫出來極為重要。接著進入琢磨階段後，才開始注意小細節。檢驗「這種表現方法會比較有說服力」、「這種表現方法才能傳達給對方」等，而此時能派上用場的就是文章基本技術了。

本書的一開始，我就說明了《溝通的技術》這本非常優秀的書。看了該書以後，我注意到了一些事。寫作時必須注意的原則就是「①一詞／一意」、「②一句／一構想」、「③一段落／一主題」（圖表49）。

圖表49 文章的基本技術
〔文章記述的基本原則〕

①一詞／一意
選擇能夠讓閱讀者理解的詞彙 選擇單一意義的詞彙

②一句／一構想
在一句話中只表達一個想法 不要用非逆接的「が」 避免使用「是，也是……」、「既……又」。

③一段落／一主題
在一個段落中只記述與一個主題相關的內容。 不寫與主題無關的情報。

不寫出與主題無關的情報

①一詞／一意

首先是「①一詞／一意」。很多詞彙都有複數的意義。例如「管理」這個詞所指的意義會根據人而有所不同。有人說指示別人是管理，也有人會說這不是管理。說到「管理」，光是用英文來表達應該是「management」還是「control」就有很大的爭議，於是乎這回又得討論「management」和「control」有什麼不同了。

順帶一提，我在上一本著作《沒人告訴我的思考技巧》中也有寫到，我將management定義為「營造出團隊、部屬、成員和下屬可以運作的情況」，而control為「制定基準並管理其範圍內」。management是為了讓團隊跟成員做出成果而整備環境、提高預算與士氣、營造氣氛，control則是制定如「要在○月○日內完成」的基準，為了如期完成而控制情況、導正錯誤。這是我的定義。

Marketing這個詞也是一樣。marketing是策略性詞彙，或是指販賣活動呢？根據不同人的說法，也有人覺得marketing是指營業活動。

彼得·杜拉克（Peter Drucker）認為「marketing的理想是不需要販售。」換句話說，所謂marketing意為就算不販賣、銷售、出售，也可以自然營造出銷路好的狀態。

另外根據日本行銷協會的定義，「所謂的marketing，是指企業與其他組織透過國際性視野，為了和顧客間相互理解並藉由公平競爭創造出市場而進行的綜合性活動。」這和杜拉克的定義相差甚遠。

最重要的為是否和閱讀者有共同認知。如果這個詞彙可以解釋成許多意思，就必須要說明意義，例如「本處的management，是指〇〇」、「本處的marketing，是指〇〇」。反過來說，若和閱讀者有共同認知，就沒有必要嚴格定義。說到底，就是必須以和閱讀者的關係為前提。「一詞／一意」是為了讓對方與自己、閱讀者與撰寫者能夠使用同樣的意義，進而定著詞彙的意義。

②一句／一構想

接著是「②一句／一構想」。句子就是指sentence，不要在同一句話裡摻雜進複數的想法。

為了避免這種情況，必須排除非逆接的「が（中文的「關於」）」。在談話用語中，常常會使用非逆接的「が」，例如「關於那件例行公事」、「關於前一陣子的那件事」的「關於」。「關於」是非常方便的詞彙，無論多少句子都可以連結起來。

＊備註：日文中的「が」有提示重點的功用，也可表達逆接的詞彙如「可是」、「不過」等。

這個「が」，原本是指「但」的意思。就像是「雖然很努力，但還是不行」，用於想表達與先前走向相反之事物的情況。這在談話用語中還無所謂，但在寫作時，請不要使用非原本意義的「が」。只要沒有了這些非逆接的「が」，就無法連接複數的文章，也就是所謂的「複文」，複文意指「是，也是……、既……又」這類的文章。如果寫成複文，文章會變長，也容易摻雜許多想法在裡面。光是去除掉非逆接的「が」，句子就會縮短，閱讀也變得更容易了。

③一段落／一主題

最後是「③一段落／一主題」。段落就是指paragraph，主題為topic，即為想要說明的內容，例如架構中的「結論」和「根據」等。在一個段落內說明一個主題就好，和主題無關的情報就是干擾訊息。如果一個段落內塞入複數主題、主張、想表達的事物，就會不知道這個章節想要講什麼，閱讀者也會感到混亂。

例如在提案書中，不得不提出根據來支持「我們是最能夠符合貴公司要求」的結論時，如果寫上「我們擁有豐富的類似專案經驗，也致力於品質活動」，想要表達的部分就會被模糊掉，這是因為放入了「類似專案經驗」與「品質活動」這兩個主題。如果想說的內容有兩項，分成兩個段落（paragraph）來寫會比較好。

我已經反覆說明很多次，和主題無關的情報就是干擾，請在一個章節內說明單一主題。為了明確指出「這個段落我想要說明這件事情」，就必須只放入唯一主題在章節裡面。

「①一詞／一意」、「②一句／一構想」、「③一段落／一主題」。只要能忠實遵守這三個原則，文章自然會變得卓越，一開始只要記住這一點就足夠了。

有意識地使用接續詞

文章基本技術第二點，就是「接續詞的使用方法」。雖然在小學、中學時有學過，不過平常有意識使用接續詞的人應該很少對吧？這是因為學校所學的接續詞分類有些難懂，用起來也不容易。在撰寫商業文書時，書籍《新版理論訓練》（產業圖書）中的分類比較方便使用（圖表50）。

圖表50

文章的基本技術
〔接續詞的使用方法〕

解說 （A＝B）	解說主張的內容 「即為」、「也就是說」、「換言之」、「概括而論」
根據 （A→B／A←B）	為何該主張可以這麼說，提出其根據 （A→B）「因此」、「所以」 （A←B）「要說原因」、「所謂」
舉例 （A，例如B）	由具體案例來解說，或是加上證據 「例如」
附加 （A＋B）	添加主張 「然後」、「而且」、「倒不如說」
轉換 （A但是B）	轉換主張的方向 「然而」、「但是」
補充 （A不過B）	補充主張。和轉換很類似，但會給與原主張著力點 「不過」、「雖說」

參考《新版理論訓練》（產業圖書）製作

從該書內容引用出來的接續詞有六種，為「解說」、「根據」、「舉例」、「附加」、「轉換」、「補充」。

解說

所謂「解說」，就是詳細解說主張內容的接續詞，像是「即為」、「也就是說」、「換言之」、「概括而論」等。對於想說的事情，進行「這個意思就是如此」的解說，為相等的關係。用先前的案例來看，即是「所謂的management，就是營造出讓團隊、成員可以運作的情況」的使用方法，為「management＝營造狀況」的關係。

根據

所謂「根據」，即為因為A所以B、如果A就會是B的型態，提示出理由和根據。「因此」、「所以」、「要說原因」都可以當作「根據」，例如「因為晚搭到電車，去公司才遲到（A可以）」、「營業額之所以提高，是因為新商品賣得好（A「營」）」。

舉例

所謂「舉例」，就是「例如」，如同「我們有類似的專案經驗。例如A公司的○○專案就是由敝公司所負責」，提示出具體案例，讓閱讀者更深入了解。為了增加閱讀者的理解，如何提出具體案例即為重點所在，這本書中也用了很多「例如」。

人類會有用抽象性來表現自己所理解事物的傾向。譬如就算有人說「所謂專案，就是有獨立性與期效性的活動」，我們也只會想「這是在講什麼」。但是如果提出具體案例，說明「例如在建造房屋時，不會在同片土地上用同樣的設計，此外，也不可能一直處在建設途中，一定會有完成的時候。就如同以上，沒有透過反覆行為而在有限時間內完成，即是專案的特徵」，閱讀者就會因為貼近自身經驗而理解。

附加

「附加」是指「而且」、「然後」、「倒不如說」、「此外」一類，「敝公司的商品在用戶服務方面很優秀，此外，快速的動作也是其特徵」，這就是附加。也許有些人會疑惑「倒不如說」不曉得是否為附加，「倒不如說」也帶有逆接的感覺對吧？請大家思考這和想說的事情方向是否相同，就像「他並非冷淡的人，倒不如說很熱情」，「不冷淡」與「很熱情」的方向就是相同的。

轉換

相對於此，「轉換」就是轉變主張方向的接續詞。除了「然而」以外，還有「但是」、「可是」。「此專案的品質很高，但是期限卻延遲了」，這樣的說法方向就改變了。「品質很高（正面）→期限延遲（負面）」。

補充

「補充」和轉換很類似，會用於原主張方有著力點的時候。就像「此專案的品質很高，雖說期限延遲了」，這講的和剛才幾乎是相同的事情，但可以了解到著力點不同。只要說了「雖然期限延遲了」，就可以從「品質高」的主張來看，將期限延遲轉為次要的主張。另一方面，就算說了「雖然期限延遲了」，但講到底著力點還是在「品質高」，這給閱讀者的印象就會完全不一樣對吧。

只要隨時意識到接續詞的使用，就可以傳達「理論」給閱讀者。所謂架構即為理論的重疊，只要寫上「為何如此」，閱讀者就可以知道「接下來的故事走向會講解其『原因』」。

要注意接續詞少的文章

雖然這有點聊太多了，不過大家在看書時，要注意接續詞少的文章。接續詞少的書有兩種，為「就算不使用接續詞也可以傳達理論的書」和「無理論的書」。

優秀文章的其中一個特色就是「接續詞很少」。身為理論的標記，接續詞非常方便，但這會讓文章變得生硬。那些被稱為文學家的人們就算不使用接續詞也可以傳達意思，只要理論有通，就會盡可能減少接續詞。假使文章脈絡清楚，就算不特地用接續詞來標著，閱讀者也可以理解。

另一方面，也存在著既沒理論也無接續詞的書，例如只有「你有無限的可能性，就因為這是無限的可能性」這種充滿冗詞贅句的無責任感文章。

請大家在看書時要注意接續詞。觀察是否使用接續詞、接續詞種類（「解說」、「根據」、「舉例」、「附加」、「轉換」、「補充」）和前後內容是否一致，光是這樣，理論性就會提高。

有理論的秘訣

從剛才開始我就在講解「理論」，「理論」到底是什麼呢？大家常會說「要有理論地思考」、「要有理論地說明」，一般而言我們會用「邏輯性」這詞彙，然而能夠回答出「理論為何」的人並不多。

說到理論、邏輯，大家總會抱持著很困難的印象，不過事實上並沒有這麼一回事。理論只是單純的「關係」，為A事情和B事情的關係、語言和語言的關係。今後如果被問到何為理論，只要回答「關係」就可以了。

舉例來說，現在說的事和接著說的事，目前為止說的事和接下來要說的事，

圖表51 **何謂理論**
〔關係＝理論〕

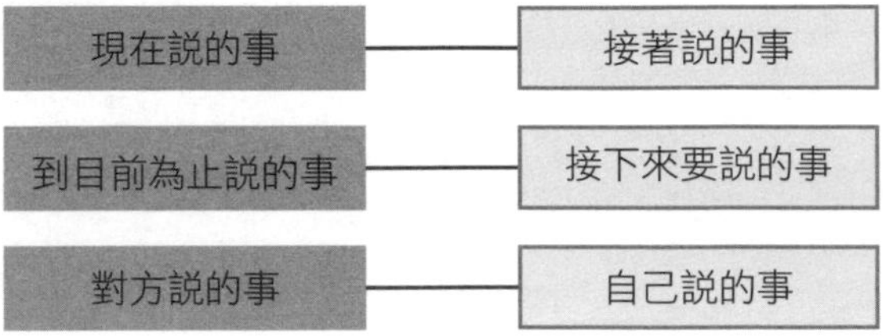

對方說的事和自己說的事，對方問的事和自己回答的事。只要這些關係成立，就是有理論性的（圖表51）。反之，若被說沒有理論性，如「現在不是在講這些」、「不懂想要表達什麼」的時候，就是「關係」沒有成立。假設對方明明問的是「是否來得及」，而你說明了事態：「現在，專案是在這樣的狀況……」，問的事情與回答的事情之間「關係」不成立，所以對方才會說「現在不是在講這些」。

要能夠有理論性地寫、說、思考，就必須著眼於事物的「關係」上。除了先前在接續詞部分提到的「解說」、「根據」、「舉例」、

圖表52 **理論（邏輯）的種類**
〔不光是語文上的邏輯〕

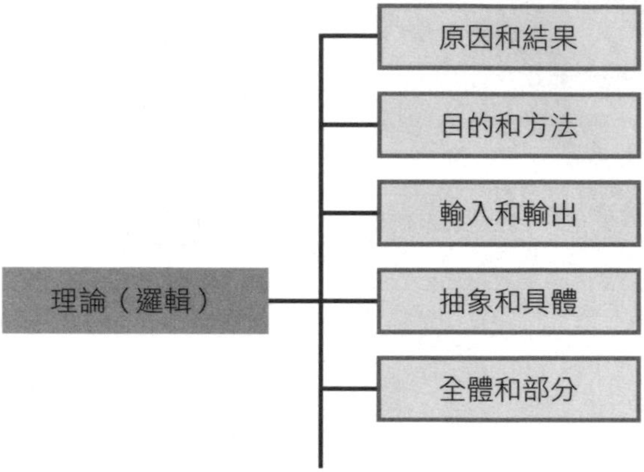

「附加」、「轉換」、「補充」這些寫作文章時不可或缺的內容以外，關係也有很多種類（圖表52）。

原因和結果

在商業上最常使用的是「原因與結果」理論（圖表53）。「被石頭絆到跌倒了」、「速度太快發生交通事故」、「來客數增加後營業額提高」，這都表現出了原因和結果。

圖表53　理論（邏輯）的種類
〔原因和結果〕

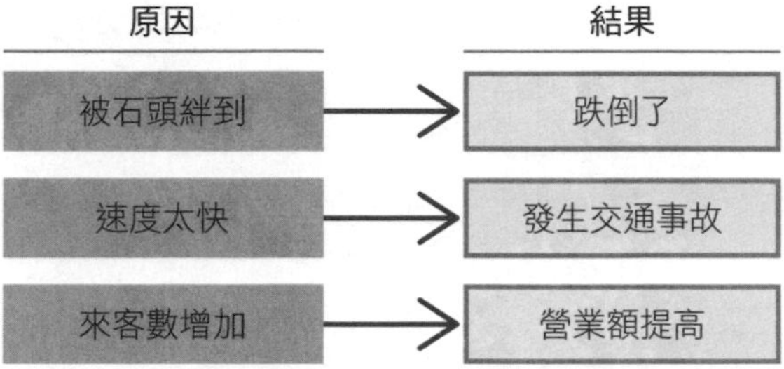

目的和方法

「目的和方法」在商業領域中也是不可或缺的（圖表54）。商業行動必然有目的，例如「為了增加來客數要提高認知度」、「為了提高品質要改善流程」等等。大家眼中所看到的產品也都有其目的，正因為有目的，客人才會掏錢買。每人手中所握的筆擁有「為了留下記錄才出墨」的機能，照明也是「為了照亮房間才打光」，這就是因為擁有「目的與方法」的邏輯性。

圖表54 理論（邏輯）的種類〔目的和方法〕

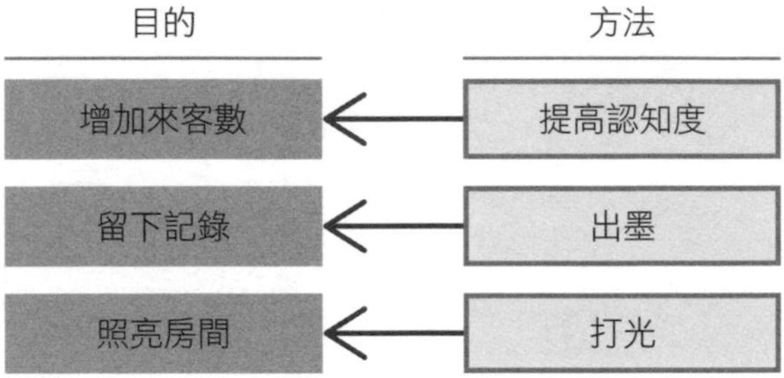

輸入和輸出

輸入和輸出就是「加熱水和米會變成白飯」的關係（圖表55）。正確來說，為輸入、流程和輸出的關係。本書一開始就用過程、流程和進程圖說明了「商業書籍的寫作流程」，而這個圖表是在呈現商業流程中「輸入與輸出」的一種工具。

抽象和具體

關於抽象和具體，我會稍微詳細說明。抽象化也可以稱作「找出共同處」、「找出本質」，例如把狗、貓、貓熊分在

圖表55　理論（邏輯）的種類
〔輸入和輸出〕

輸入		流程		輸出
水 米	→	加熱	→	飯
可以處理工作的時間	→	分配時間	→	行程
需求定義書	→	設計專案	→	設計書

哺乳類。即是抽出了生物的共同性質（＝抽象化），並將其命名為哺乳類（圖表56）。

有一種方法稱為「抽象的梯子」（圖表57），就假設現在有隻名為波奇的狗。波奇在物理上是存在的，而物理是指由原子、電子所形成，但人類卻沒有辦法感知到原子和電子的層級，由於無法感知，就沒有貼上標籤。

接著，還有一隻我們能夠感知其物質存在的波奇，這是因為我們看得到。但這個波奇只是以物體的狀態被看見，

圖表56 理論（邏輯）的種類〔抽象和具體〕

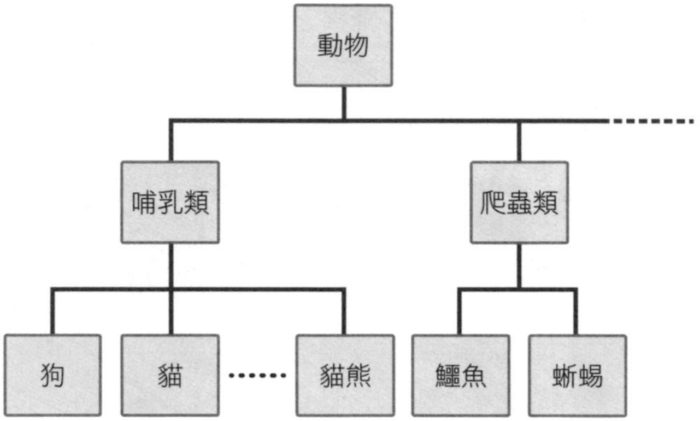

我們無法了解昨天的波奇和今天的波奇有何差異。也許毛掉了一些，體重應該也多少有點不同，然而我們是無法區別的。無法區別就是指我們有了情報的落差，即為沒有抽象化的結果。我們只整理出可以區別的情報（＝抽象化），並將其稱為「波奇」。

除了波奇以外，還有太郎、瓊恩以及連名字都不知道的狗，必須從這一隻、兩隻、三隻狗中找出共通要素並貼上標籤，也就

圖表57

文章的基本技術
〔抽象的梯子〕

6. 從在家裡一同生活的存在來看，無視了許多特性

5. 不只是狗，當把貓、鳥等當成是可以緩和人心之存在來看時，就可以無視特定類別的特徵

4. 從波奇、太郎、瓊恩等小狗一號、二號、三號中找出共同要素並貼上標籤，無視特定犬類的特性。

3. 我養過的兩隻狗都取名為「波奇」，這名字並非指該對象，而是把有感知的全體都貼上標籤

2. 我們所感知到（看見、觸碰）的所有物體存在，忽略掉昨天波奇和今天波奇的不同點

1. 物理存在的波奇，為原子、電子級別。該級別時常發生變化，我們無法感知

參考《思考和行動的言語》（S.IHAYAKAWA）製作

是所謂的「狗」，忽略掉波奇、瓊恩、一郎、二郎這些個體特徵。

若再進一步提高抽象度，則能夠抽象化為寵物。寵物就會有除了狗以外的貓、兔子和鳥等等，不過若從「能夠緩和人心的存在」這種共通項目來看的話，也可以定義為同一種事物，而這個共通項目上就貼了「寵物」的標籤。若再更抽象化，也可以說成是家人對吧！把所有於家裡生活的存在都當成是家人，這麼一來抽象度就不斷提升了。

請把抽象化想成是「把不同事物概括成同一種事物」。用先前的案例來說，狗、貓、貓熊都各自不同，雖然如此，卻可以概括成「哺乳類」。波奇、太郎、瓊恩也分別為不同個體，要用同樣的事物來概括就是「狗」，這即為抽象化。

此時必須注意的是，抽象化和分類（categorize）是不同的。雖然透過抽象化，就結果來說是進行分類了沒錯，但並非「分類＝抽象化」。

categorize即是指「分類」的意思。先前所說的狗、寵物也是一種類別，而另一方面，抽象的梯子說到底只是抽出共同點，在找出來之後貼上標籤而已。就結果而言，波奇被分類成「狗」、「寵物」，但這是抽象化後的結果，僅僅只有分類而已。categorize是「根據某種條件來分類」，而其中一個條件就是利用「共同項目（抽象化）」。

我已經講了許多抽象化的內容，而從「抽象的梯子」下降之行為就是「具體化」。回到理論種類的話題，「狗」與「波奇」的關係為「抽象和具體」。只要把狗具體化以後，就會有波奇這些狗的存在，而波奇抽象化以後則會成為狗。

全體和部分

也有全體和部分的關係，在系統開發時使用的「ＷＢＳ（Work Breakdown Structure），工作分解結構」即是如此（圖表58），我想管理專案的人應該有看

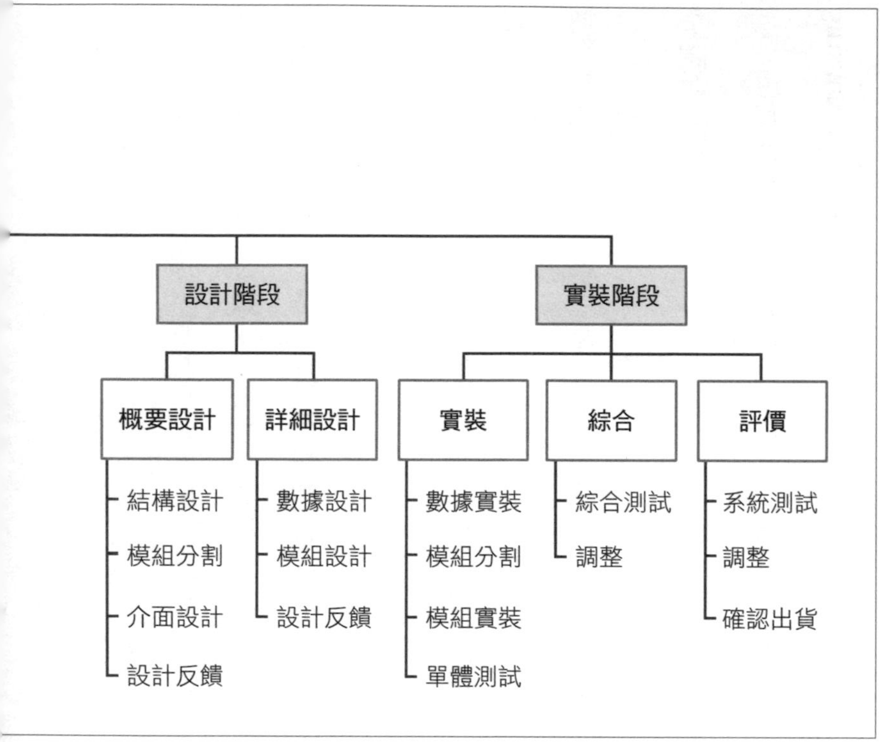
設計階段
實裝階段
概要設計
詳細設計
實裝
綜合
評價
結構設計
模組分割
介面設計
設計反饋
數據設計
模組設計
設計反饋
數據實裝
模組分割
模組實裝
單體測試
綜合測試
調整
系統測試
調整
確認出貨

圖表58 理論（邏輯）的種類
〔全體和部分〕

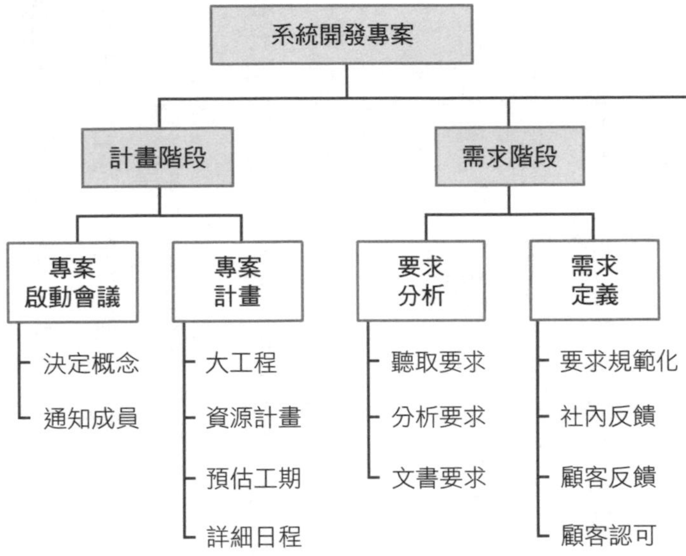

過。系統開發專案是由計畫、需求、設計、實裝所組成，只要有了這全部的四個結構，就是「系統開發專案」。計畫可以進一步分成「專案啟動」與「專案企劃」，而這項關係就是「全體和部分」。相對於全體（此情況下為「系統開發專案」），計畫、需求、設計、實裝即為部分。

先前我在說明「抽象和具體」的關係時，曾說過「分類不等於抽象化」，而為什麼會如此講究這件事情，是因為「抽象和具體」與「全體和部分」很容易搞混。

例如我們看看圖表58的「ＷＢＳ」，級別三（上面數來第三層）的「專案啟動」、「專案計畫」是由「計畫階段」這個行動所「分類」出來，然而就算把專案啟動和專案計畫抽象化，也不太代表就是「計畫階段」，此時的分類即為包含在計畫階段中的「全體和部分」關係。

換言之，在分類時無論分成「抽象和具體」或「全體和部分」都無所謂，說到底，分類就是「以某種條件為基礎而進行」，不管存在的理論種類。

想要有理論性地撰寫、有理論性地說明、有理論性地思考，就必須要意識到「關係（＝理論）」的類別。

論証的基本單位

當想要建立某主張的理論並說明時，我們稱之為「論證」。商業文章的目的是「向對方傳達訊息並使其行動」，要讓閱讀者對自己的主張有「原來如此，是這麼一回事」的想法，就必須進行論證。

那麼，要怎麼做閱讀者才會認為「原來如此，是這麼一回事」呢？此時論證的基本單位就很方便了，而最廣為人知也最有名的方法為演繹法。

小前提：蘇格拉底是人類
大前提：人類一定會死
結　論：蘇格拉底一定會死

演繹法就是「只要前提正確，結論一定正確」，不過在商業上，很難制定一個「完全沒錯」的前提。

小前提：自家公司的服務品質下降
大前提：服務品質下降導致業績下滑
結　論：自家公司的業績下滑

要說到這正不正確，其實很難斷定，因為自家的服務品質下降會因為是對誰而言的品質有所不同，也有企業就算服務品質下降，業績也沒有下滑。演繹法即為如果無法說前提「正確」，就無法斷定結論「正確」，因此很難用在商業的論證上。

圖門模型

如果無法在商業上說出「正確」的前提，那要怎麼論證才好呢？此時可以使用「圖門（Toulmin）模型」（圖表59）。圖門模型有三個基本要素，為「數據」、「證據」、「主張」，而擴張版的還會加上「證明」、「限定詞」、「反駁」，變成六個要素，不過在撰寫一般文章時三種就很足夠了。

「數據」、「證據」、「主張」，我要來說明這三者的關係。就如同我在步驟一「建立訊息」所解說的，文章中會有自己想要傳達的內容，而這就是「主張」。

為了讓閱讀者認為「原來如此，是這麼一回事」，光是反覆講解主張是無法傳達的，必須要有身為主張基礎的「事實（數據）」，說明「因為D（數據）所以C（主張）」。

圖表59 **文章的基本技術**
〔理論的基本單位　圖門模型〕

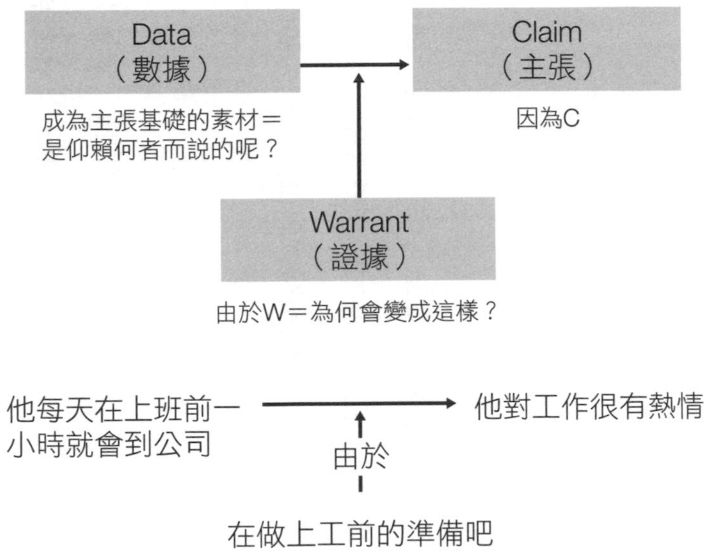
Data
（數據）
成為主張基礎的素材＝
是仰賴何者而說的呢？
Claim
（主張）
因為C
Warrant
（證據）
由於W＝為何會變成這樣？
他每天在上班前一
小時就會到公司
他對工作很有熱情
由於
在做上工前的準備吧

數據：他每天在上班前一小時就會到公司
主張：（因為）他對工作很有熱情

就像這樣。不過光用這些就要讓對方認為「原來如此」還是有點薄弱，必須要從數據（事實）來告訴大家是如何得出此主張的，這就是「證據」。證據擔任將數據（事實）連結到主張的角色，說明如何用數據解釋得出該主張。

數據：他每天在上班前一小時就會到公司

（因為）因為）在做上工前的準備吧

主張：（所以）他對工作很有熱情

只要有了三個要素，對方的「原來如此」感受就會增加。若用專案來當案例，就會變成以下：

數據：發生了比想像還要多的失敗案例

（因為）失敗案例的修改使工時超過計畫

主張：（所以）這樣下去期限會來不及

沒有說服力的文章就是因為「數據（事實）」、「證據」、「主張」這三者之中缺少了某一項，例如只寫了主張、只寫了事實、只寫了提示事實的證據，少了某些東西。「為什麼討厭？因為討厭」、「為什麼想做？嗯，就因為想做」，這些是「主張、主張、主張」，而「營業額正在減少，所以我們來開發新商品吧」，這只有主張和事實，缺乏證據。「營業額正在減少」和「所以我們來開發新商品吧」並無連接點，必須說明這個事實的論證為何。若加上「這樣下去陷入經濟困境的可能性很高，所以我們來開發新商品吧」，這樣的邏輯就通了。

在連結文章時，必須將主張、證據和數據（事實）當成是一個單位，就例如你在思考履歷表的自我推銷時，用三個要素來寫就會很有說服力。

數據：我到目前為止擔任過很多專案領導者

（證據）專案經驗豐富，持有技能

主張：（所以）能夠以專案經理的身分幫助公司

此時，先前所說明的「抽象化」思考就會派上用場。數據即為具體的事實，想要寫履歷表時，經驗和技巧就非常具體對吧！例如「我會程式語言的C++，會Perl，也會Java」等等，就像「狗、貓、貓熊」的標籤。如果只說明事實，閱讀者就會疑惑「所以是怎樣」。在這裡只要將「有技術能力」、「開發經驗豐富」抽象化後，即可當成證據提出，讓對方覺得「原來如此」。

2-8 精煉文章的實際案例

那麼進行到這裡，就讓我們以寫作技巧的步驟六「推敲」和步驟七「重新撰寫」為基礎來實際上做做看吧。

圖表60為軟體工程師（假設為A先生）所寫的履歷表自我推銷文章。除了此文章以外，他還準備了以表格形式整理出來的使用語言和專案等開發經驗資料，這是以實際上的某特定人之履歷表為基礎所做成。雖然這是範本，但也只更換了情報內容，構造還是一樣的。那麼就讓我們試著推敲並重新撰寫吧。

各位瞥一眼這篇文章，有想要看下去的感覺嗎？如果我是要閱讀該文章的企業負責人，我沒什麼想看的意願，又或者是心想「等等再看」，這是因為文章太

圖表60 Before
〔履歷表　自我推銷〕

【自我推銷】
至今為止我一直從屬於開發部門，除了負責設計、程式以外，也以開發領導人的身分和客人進行權衡與販賣支援的工作，現在我和七名團隊的領導者一起負責業務。說到會用的語言，我曾經學過C++、Java、Perl，而在開發環境部分，我有過UNIX、Visual Studio的經驗。我致力於學習新語言並時常提升技能。此外，我也參與流程改善並努力提升品質、減少失敗案例。在社內、社外（顧客、合作企業）我執行了很多合作業務，也很擅長進行積極溝通。

混亂了，然而寫出這種文章的人並不少。就算很努力看了這篇敘述，還是不知道重點為何，只會想「他做了很多事情呢，就這樣」。

接著，我來說明實際上看過該文章後的反饋。首先，他在一個段落中就放入了複數的主題，像是「開發領導人」、「販賣支援」、「C++、Java、Perl」、「流程改善」等等，塞入太多事實和意見了，沒有一個結構性。

圖表61　反饋

反饋		對策
一個段落裡有複數主題	→	將主題區分
不曉得要主張什麼	→	把關鍵字變成標題
光陳列事實和意見沒有理論性	→	用理論基本單位來組成
乍看之下沒有想閱讀的感覺	→	調整陳列和文章長度

在此，對於段落裡面有複數主題的狀況，我會依照主題來區分。由於不曉得主張為何，就必須讓關鍵字可視化。光是陳列事實和意見是沒有理論性的，就如同剛才所說明，理論的基本單位為「事實」、「證據」和「主張」這三者。再加上這一眼看過去並沒有讓人想閱讀的意思，因此也必須調整文章的長度（圖表61）。

將主題區分

首先，我們試著只做「將主題區分」（圖表62）。只要把文章分段，就

圖表62 依照主題區分

概要

至今為止我一直從屬於開發部門，除了負責設計、程式以外，也以開發領導人的身分和客人進行權衡與販賣支援的工作，現在我和七名團隊的領導者一起負責業務。

開發經驗

說到會用的語言，我曾經學過C++、Java、Perl，而在開發環境部分，我有過UNIX、Visual Studio的經驗。

提升技巧

我致力於學習新語言並時常提升技能。

流程改善

此外，我也參與流程改善並努力提升品質、減少失敗案例。

溝通

在社內、社外（顧客、合作企業）我執行了很多合作業務，也很擅長進行積極溝通。

連一個字也不需要修改。用「概要」、「開發經驗」、「提升技巧」、「流程改善」、「溝通」為主題，將撰寫的內容區分開來。

建立標題

接著嘗試做出「標題」，「標題」可以直接採用這些主題（圖表63）。只要找出來了，一看就能夠知道內容在撰寫什麼。請和剛才的比較看看，圖表60會讓我們不知道什麼內容寫在哪裡，但光是下了標題，就可以快速瀏覽內容了。

去除干擾訊息

接著我再繼續提出意見。這是履歷表的自我推銷，必須讓對方覺得「比起別人還是A先生好」，因此要力求差異。從開發經驗來看，上面寫著語言和開發環境，這和其他人相同。以閱讀者的角度來看，要成為差異化主因還嫌薄弱。而接下來的「提升技能」呈現方式會成為差異化的主因，但光用如此簡單的寫法還是

圖表63 建立標題

●導入

至今為止我一直從屬於開發部門，除了負責設計、程式以外，也以開發領導人的身分和客人進行權衡與販賣支援的工作，現在我和七名團隊的領導者一起負責業務。

●開發經驗

說到會用的語言，我曾經學過C++、Java、Perl，而在開發環境部分，我有過UNIX、Visual Studio的經驗。

●提升技巧

我致力於學習新語言並時常提升技能。

●流程改善

此外，我也參與流程改善並努力提升品質、減少失敗案例。

●溝通

在社內、社外（顧客、合作企業）我執行了很多合作業務，也很擅長進行積極溝通。

不行。「我致力於學習新語言並時常提升技能」，這是理所當然的事，這種無論有沒有寫都不會影響結果的情報就是干擾，而開發經驗和對學習的處理也很薄弱。正因為這是弱化「只有雇用我才會有的價值」之主張的情報，還是去除掉比較好，所以要把這個主題刪除。

抽象化後強化主張

就用抽象化讓只有陳述事實的部分明確呈現「所以這是怎麼回事」。例如「擔任專案領導」是指什麼意思呢？主張為有專案管理能力沒錯吧！擅長溝通、負責顧客談判。若用抽象化來思考這究竟是什麼意思，即是代表有和顧客建立關係的能力（圖表64）。在「擔任專案領導」中無法看出強項，但如果寫上「我有專案管理能力」、「我有和顧客建立關係的能力」，對方就會認為「原來如此」，接受的印象可就完全不同了。透過抽象化思考這究竟是怎麼回事，主張也會變得明確。

圖表64 抽象化後強化主張
〔所以這是怎麼回事〕

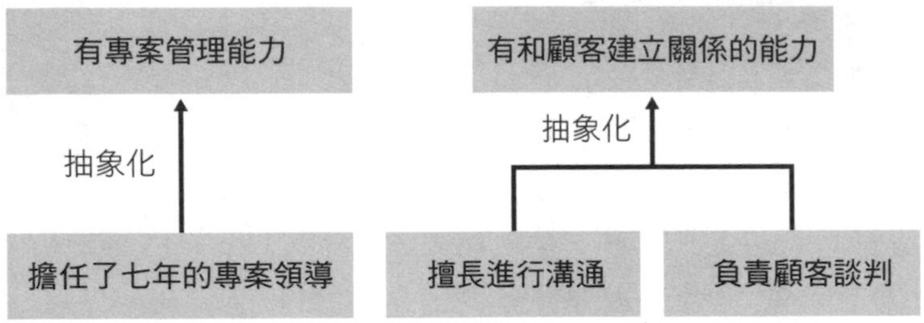

在標題上下工夫

接著，我們要進行選擇、取捨並於標題下工夫（圖表65）。到剛才為止我們都一直用「導入」，後來把「導入」改掉，為了掌握全體而將標題定為「概要」。為了能一眼就可以看到標題，必須讓其省目。

接著想主張強項，必須要強化標題。利用「專案管理能力」、「改善流程，強化競爭力」和「建築顧客關係的能力」來明確提出主張，不要只說「改善流程」，而是寫「改善流程後強化了競爭力」，就可以透過主張來顯示出差異化。就算單純說「溝

圖表65　選擇取捨，在標題上下工夫

●**概要**　為了讓大家可以一眼看到標題，必須醒目

至今為止我一直從屬於開發部門，除了負責設計、程式以外，也以開發領導人的身分和客人進行權衡與販賣支援的工作，現在我和七名團隊的領導者一起負責業務。

●**專案管理能力**　追加可以主張強項的主題

~~●開發經驗~~　去除掉弱化訊息的情報（干擾）

~~說到會用的語言，我曾經學過C++、Java、Perl，而在開發環境部分，我有過UNIX、Visual Studio的經驗。~~

~~●對學習的努力~~　去除掉弱化訊息的情報（干擾）

~~我致力於學習新語言並時常提升技能。~~

●**改善流程，強化競爭力**　明確表現主張的標題

此外，我也參與流程改善並努力提升品質、減少失敗案例。

●**建築顧客關係的能力**　明確表現主張的標題

在社內、社外（顧客、合作企業）我執行了很多合作業務，也很擅長進行積極溝通。

通」，也不曉得強項在哪裡，只講溝通，往往讓人覺得想強調的重點只有這項，主張如果太過廣泛，就會弱化，對方不會記在心裡。「我很擅長溝通」，這樣講也太籠統了，如果是說「我有和顧客建立關係的能力」，主張就會深入腦海。

這樣推敲過並重新撰寫出來的結果就會如同圖表66。標題為「概要」、「專案管理能力」、「建立顧客關係的能力」、「改善流程，強化競爭力」。順序有換過，是依照重要度來調整的，思考顧客或閱讀者認為哪項重要來假設順序，想說的事情就變成有專案管理能力、有建立顧客關係的能力、會藉由改善流程來強化競爭力。

確認結構

關於結構，我已經說明了「導入、結論、支援、支援、結論」是最好的呈現方式，而在履歷表的情況下，結論會很明確，「如果雇用就會有價值」、「我可

圖表66 After

●概要

在至今為止的十五年間，我都持續任職於開發部，以程序員和專案領導的身分負責開發業務。進公司後的八年間從事過設計和實裝業務，而現在則以專案領導的身分負責管理專案。

●專案管理能力

現在，我身為十名開發團隊領導者，進行專案管理業務，而在開發這項主題的性質上，我必須同時進行複數的專案。我也藉由提高專案計畫精度、掌握實際進展狀況與預測風險後，成功克服了難易度高的專案。

●建築顧客關係的能力

現在的工作是接受顧客的開發業務委託，早一步了解開發數據、人員狀況等情報都可以讓我獲得案件。除了開發以外，我本身也藉由強化和顧客之間的關係來建立商業上的情報網，也因此獲得了更多的案件。

●改善過程，強化競爭力

我持續進行過程的標準化和改善，創造出減少失敗率百分之五十、減少成本百分之三十的成果，除了自家公司以外，此開發過程在顧客之間也得以全面採用，成功創造出和其他競爭公司的差異化。

以幫上忙」。圖表67將文章結構補充得更加完整，請大家看一下。就如同大家所了解的那樣，內容並沒有出說結論，那是因為已經很明確了。雖然這是想傳達的事情，但在履歷表上特別說出來就有點囉嗦，才判斷為不需要撰寫。

而關於隱藏結論——「我可以幫上忙」，此處有三個可以支持的證據。其結構為藉由導入敘述概要，說明我是這樣的人、我可以幫上忙，這就是證據、強項。

確認三個論點

先前我已經說明了三個論點的搭配（事實、證據、主張），如果套入來試著思考看看，就會變成圖表68，在導入的部分只有說明「事實」，即為「至今為止我做了這些事情」，說明「我是這樣的人」。

圖表67　After

導入	**●概要** 在至今為止的十五年間，我都持續任職於開發部，以程序員和專案領導的身分負責開發業務。進公司後的八年間從事過設計和實裝業務，而現在則以專案領導的身分負責管理專案。
支援	**●專案管理能力** 現在，我身為十名開發團隊領導者，進行專案管理業務，而在開發這項主題的性質上，我必須同時進行複數的專案。我也藉由提高專案計畫精度、掌握實際進展狀況與預測風險後，成功克服了難易度高的專案。
支援	**●建築顧客關係的能力** 現在的工作是接受顧客的開發業務委託，早一步了解開發數據、人員狀況等情報都可以讓我獲得案件。除了開發以外，我本身也藉由強化和顧客之間的關係來建立商業上的情報網，也因此獲得了更多的案件。
支援	**●改善過程，強化競爭力** 我持續進行過程的標準化和改善，創造出減少失敗率百分之五十、減少成本百分之三十的成果，除了自家公司以外，此開發過程在顧客之間也得以全面採用，成功創造出和其他競爭公司的差異化。

圖表68 After

事實 …… 證據 — 主張

導入

●概要

在至今為止的十五年間，我都持續任職於開發部，以程序員和專案領導的身分負責開發業務。進公司後的八年間從事過設計和實裝業務，而現在則以專案領導的身分負責管理專案。

支援

●專案管理能力

現在，我身為十名開發團隊領導者，進行專案管理業務，而在開發這項主題的性質上，我必須同時進行複數的專案。我也藉由提高專案計畫精度、掌握實際進展狀況與預測風險後，成功克服了難易度高的專案。

支援

●建築顧客關係的能力

現在的工作是接受顧客的開發業務委託，早一步了解開發數據、人員狀況等情報都可以讓我獲得案件。除了開發以外，我本身也藉由強化和顧客之間的關係來建立商業上的情報網，也因此獲得了更多的案件。

支援

●改善過程，強化競爭力

我持續進行過程的標準化和改善，創造出減少失敗率百分之五十、減少成本百分之三十的成果，除了自家公司以外，此開發過程在顧客之間也得以全面採用，成功創造出和其他競爭公司的差異化。

第一項的支持點是用「現在，我身為十名開發團隊領導者，進行專案管理業務，在開發數據的性質上，必須同時進行複數的專案」來呈現事實。正因為是事實，這部分就無法放入意見，必須要有連結事實和主張的證據，而這個事實代表什麼意義呢？即為「提高專案計畫精度、掌握實際進展狀況與預測風險後，成功克服了難易度高的專案」（證據），因此「我有專案管理能力」（結論）。

在此我們不會特地寫上結論。我們想要說的結論是「我有專案管理能力」，雖然就這樣寫上去也無妨，不過其實在標題就已經說出結論了，因此才會用配合標題來寫出「事實、證據、主張」的結構。

而第二項支持點也一樣。「現在的工作是接受顧客的開發業務委託」，這個是事實，結果為「藉由強化和顧客之間的關係來建立商業上的情報網」，這也是事實。連結事實與主張後，「結果獲得了更多的案件」，因此才主張「我有和顧客建立關係的能力」。

第三項支持點是寫了「持續進行流程的標準化和改善，創造成果」，這是事實，而連結事實和主張的內容為「除了自家公司以外，此開發流程在顧客之間也得以全面採用，成功創造出和其他競爭公司的差異化」（結論），因此主張為「我可以藉由改善流程來強化競爭力」。

圖表60（before）和圖表68（after），你會雇用誰呢？恐怕是after的那位吧！不過這些寫出來的內容都是一樣的。正因如此，一開始粗略撰寫才很重要，將粗略的文章採取「分段」、「建立標題」、「抽象化」、「去除干擾情報後建立標題」等措施，再用三項論證組成而來，就只是這樣而已。這並不難對吧？只要了解流程就能做到了。

接受反饋的心得

至今為止的內容，就是以範本為基礎的反饋和精煉流程，我想各位都已經知道了反饋與精煉的意義。

然而當實際要接受反饋時，大家是否都多少有點躊躇呢？雖然聽聽反饋比較好，但還是會想這是指責之類的。如果自己所做出來、寫出來的成果被反駁的話，誰也不會覺得舒服吧。不過反饋並不是指責。

接受反饋的流程稱之為「評論」，就像提案書的評論、設計書的評論等。很多人會將這些評論當成是指責，但並非這麼一回事，評論是一項創造的流程，是為了讓成果精煉地更好。

我是軟體工程師出身的，而在軟體、工程師的世界裡，幾乎每天都會有這些評論。規格表的評論、設計評論、代碼審查，在專案流程中，會有各式各樣的評估。如果成品的狀況不好，就會被當成一文不值，這都很正常。但這並非是自己被否定了，只是為了讓成品變好而提供給你意見。

不過如果不是在那些每天都有評估的業界、職種的話，就會因為不習慣而被打敗，覺得人格被否定。因此最重要的就是保持中立去接受，不要把被評論的內容解釋成正面或反面，而是以「原來如此，還有這種想法」的中立方式接受。

我希望你們可以理解的反饋心得，就是「These」、「Antithese」、「Synthese」的辯證法發展。相對於自己的主張（These）會有並非這麼想的衝突（Antithese）存在，結果就產生了新的概念和解決方法（Synthese）（圖表69）。藉由衝突來產生更好的結果，因為反覆的衝突，才漸漸琢磨得更好（圖表70）。

圖表69 評論的心得
〔衝突會產生發展〕

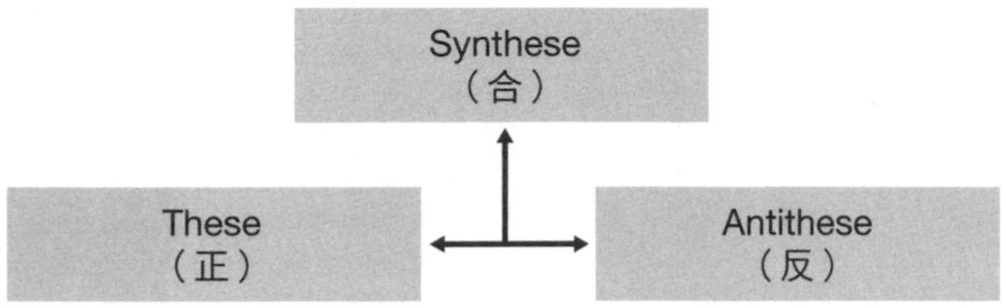

圖表70 評論的心得
〔衝突會產生發展〕

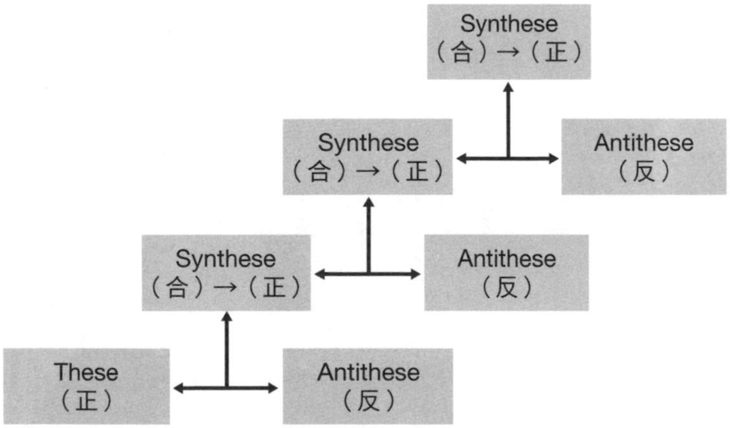

第三章

以寫作流程為基礎的演習

3-1 試著寫寫看「履歷表」吧！

在第二章我已經說明了「寫作流程」。無論什麼樣的技巧，先知道理論都是最重要的。如果連道理都不明白就不斷嘗試會很沒有效率，但也不是說了解了理論就一定學得會。日文中有一句話叫做「陸水練（紙上談兵）」，意指「就算在陸地上練習游泳也沒有幫助」，又稱做「畳の上の水練（在榻榻米上練習游泳）」。要想學會游泳，就必須進到水裡練習，而寫作技巧也是一樣，唯有了解道理後再練習才有用。

在第二章的說明中，我透過各式各樣的案例讓大家體驗這段流程，只要看了範例，就會有「原來如此」的感覺。然而實際上動手做的時候，又沒辦法那麼順利，而認知這兩者之間的差距是很重要的。

利用範例的這段流程，即是所謂的「To Be（該有的型態）」。之後大家都要著手處理「無法流暢寫文章」的問題，因此也必須明白相對於「To Be」的「As Is（現狀）」，了解「To Be」和「As Is」後，才能認識到這個差距。只要得以了解，接下來再朝著該有的型態去填補落差就可以了。

假設重現出研討會

本書是以研討會為基礎所說明的，而這研討會之中有非常多的演習，會讓研討會的聆聽者實際動手做、使寫作流程「融會貫通」，接著，我們就要重現出研討會的演習。如果各位讀者是抱著參加研討會的想法在閱讀本書，我認為會更有效果。由於在團隊中也會面臨進行反饋的情況，就請大家務必要得到旁人的協助並試著加以實踐。之後，我會使用「聽講者」這個詞彙。

請大家依照我的說明，實際思考並記錄、打字下來。

〈記錄到工作表格中〉

〈記錄到電腦中〉

題材為「履歷表」。請假設你本身要轉職，履歷表上有「自我推銷」的欄位，要在上面推銷自己的長處。這是傳達「自己想說的事情＝訊息」的最好材料。

我想一般來說大家都沒有注意過自己的「強項」，而是否有意識到，會讓你在身為商業人士的生存方式上有所不同。正因如此，我希望想著「我才沒有打算轉職」的人也一定要動手操作看看。

轉職之際，無論是在轉職的仲介網站上登錄或是直接向公司應徵，首先一定要讓對方看你的履歷表才行。在看了以後，也必須讓對方想要試著和你見面。連結對方和你之間的方法就只有文章而已，這是非常嚴苛的場面。如果能撰寫出適合該場合的文章，提案書和企劃書等等的商業文章也就寫得出來了。

步驟一、建立訊息

首先，寫作的第一個步驟就是「建立訊息」。以履歷表來說，閱讀者是誰呢？沒錯，就是想要轉職去的該企業雇用負責人，或者是轉職仲介。在面對這樣的對象，應該傳達什麼訊息呢？

所謂訊息，就是「為了填補差距所要傳達的事情」，而差距就是現狀（As Is）和該有的型態（To Be）之乖離了。請思考你藉由傳達這項訊息，希望對方有什麼反應、留下什麼印象，並試著實際在工作表格上寫下來。

〈記錄到工作表格中〉

應該有不少人左思右想吧！不用想得太困難，只要思考現狀（As Is）和該有的型態（To Be）為何、要傳達什麼事情來填補差距就可以了。

接著就往前進吧。我看了各位聽講者的「現狀（As Is）」和「該有的型態（To Be）」，幾乎所有人寫的都是撰寫者自身的狀態。

要相反才對。這裡應該思考的是對方的狀態，有想要讓對方知道的事情，就代表和對方之間有所落差，要藉由傳達訊息給這樣的對方以消除差距。請思考對方現在是什麼狀態，以及自己想透過傳達訊息讓對方變成什麼狀態吧。

那麼做為複習，請大家看圖表71。這和第二章的圖表22相同，是思考本書（本研討會）的訊息後所做成，其中「現狀（As Is）」和「該有的型態（To Be）」指的並非是身為講師的我，而是我假設各位聽講者的狀態所寫，也就是寫對方的狀態、閱讀者的狀態。

As Is的欄位寫了「寫作的訓練機會很少，感到不擅長。大家不知道如果不了解寫作流程就寫不出來」，這是對方（聽講者）的事情，而接受了此狀態的To Be欄位裡，就寫上了「讀者（聽講者）了解『寫作流程』的重要性，達到得以實踐寫作流程的狀態」，這也是對方的事情。

而履歷表亦然。要依序思考雇用負責人以及轉職仲介現在為怎樣的狀態，而藉由自己所傳達的結果希望對方變成什麼狀態、為了達成此目的應該傳達什麼。

此外，有很多人會在To Be欄裡寫上「希望能夠會面」、「希望能夠被採

圖表71

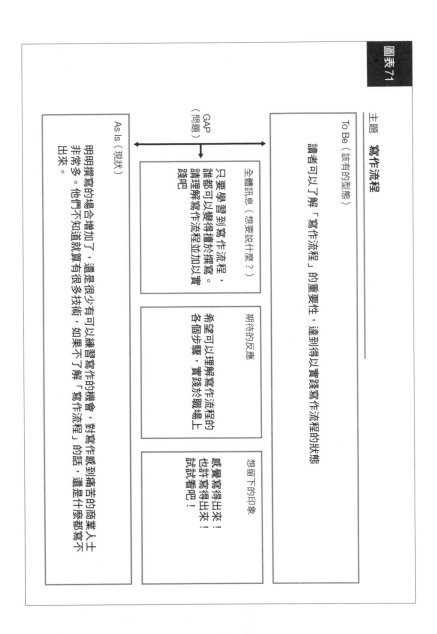

主題　**寫作流程**

To Be（該有的型態）

讀者可以了解「寫作流程」的重要性，達到得以實踐寫作流程的狀態

GAP（問題）

全體訊息（想要說什麼？）

只要學習到寫作流程，誰都可以變得擅於撰寫。請理解寫作流程並加以實踐吧

期待的反應

希望可以理解寫作流程的各個步驟，實踐於職場上

想留下的印象

感覺寫得出來！
也許寫得出來！
試試看吧！

As Is（現狀）

明明撰寫的場合增加了，還是很少有可以練習寫作的機會，對寫作感到痛苦的商業人士非常多。他們不知道就算有很多技術，如果不了解「寫作流程」的話，還是什麼都寫不出來。

用」，然而「見面看看吧」、「雇用吧」這些都是期待的反應，在那之前，必須讓對方進入想要「見面看看吧」、「雇用吧」的狀態才行，這個狀態就是「To Be」。請大家思考訊息傳達後的結果、對方會變成什麼「狀態」，才會「見面」、「雇用」吧。

〈記錄到工作表格中 十五分鐘〉

好的，過了十五分鐘了。如果還在寫作途中，也請停止動作。

圖表72為我所撰寫的內容，我就以此為基礎繼續說明。

首先，就來思考閱讀者——雇用負責人、轉職仲介的現狀。對方並不曉得我們的強項為何、有什麼用處、擅長什麼事情，也就是沒有可以判斷是否為應該雇用之人才、仲介公司應該推薦給企業之人才的材料。就算看了履歷表，也不曉得

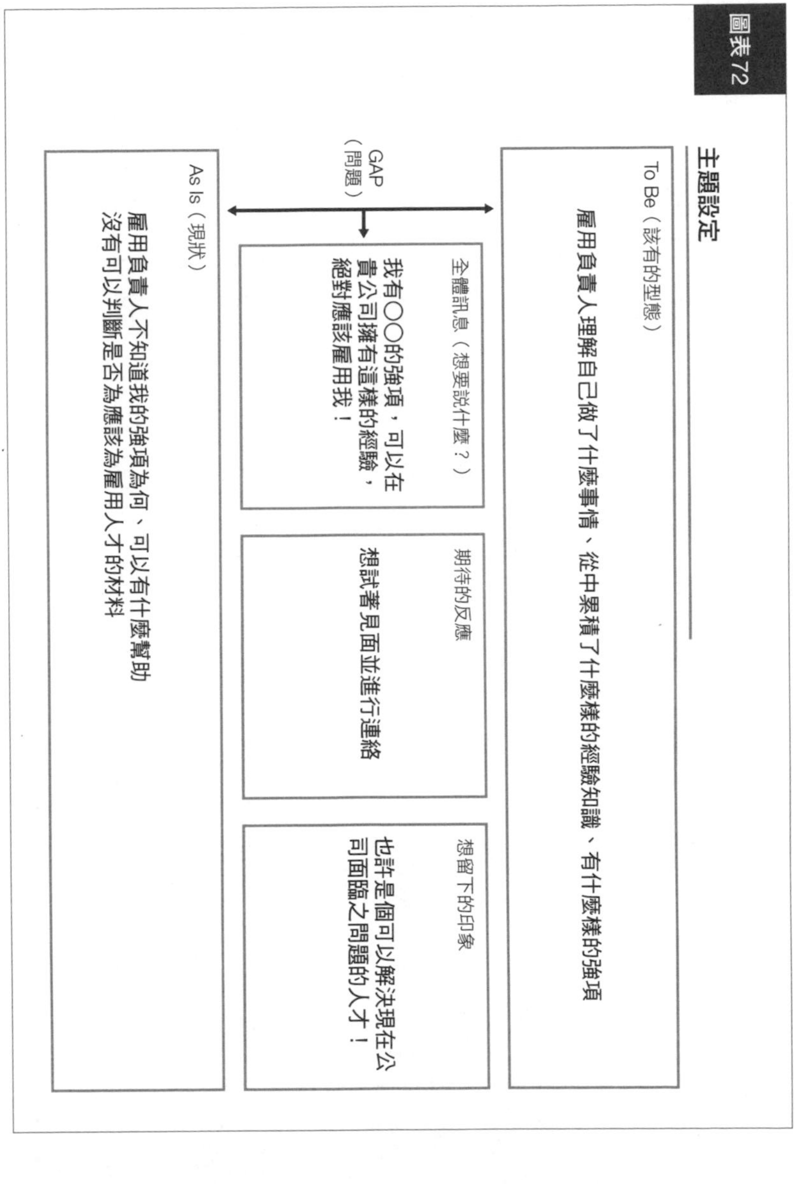
圖表72
主題設定
To Be（該有的型態）
雇用負責人理解自己做了什麼事情、從中累積了什麼樣的經驗知識、有什麼樣的強項
GAP（問題）
全體訊息（想要說什麼？）
我有○○的強項，可以在貴公司擁有這樣的經驗，絕對應該雇用我！
期待的反應
想試著見面並進行連絡
想留下的印象
也許是個可以解決現在公司面臨之問題的人才！
As Is（現狀）
雇用負責人不知道我的強項為何、可以有什麼幫助
沒有可以判斷是否為應該為雇用人才的材料

這些事情，這就是閱讀者的現狀。

接著來思考「To Be（該有的型態）」吧。該有的型態也可以說是「狀態」，對方要達到什麼狀態，才能實踐這份履歷表的目的呢？現狀是「沒有材料」對吧！換句話說，只要讓對方有材料就可以了。不過這樣就只是進行「沒有材料↓有材料」的轉換，還是不曉得那差距為何，只要不明白，就無法決定訊息。

那麼「有材料」又是什麼狀態呢？「對方（雇用負責人或是轉職仲介）了解自己做了什麼、從中學習到什麼經驗值、擁有什麼樣的強項」，這就是撰寫者希望的對方狀態，想要達到這個目的。結果，「想試著見面並進行連絡」即為期待反應。

「狀態」很重要，要思考變成什麼「狀態」時對方才會有反應。雖說狀態會引起反應，但不是用言語直接驅使對方行動。要思考閱讀完的結果為何，即為對方腦中變成什麼狀態、對方心中變成什麼狀態、是否能引起反應。必須要有這個名為狀態的緩衝才行。

接著，想要傳達的事情為「我有這個強項，可以對公司有這樣的貢獻，因此應該要雇用」，必須要向轉職仲介傳達「這是應該雇用、可以安心介紹的人才」，並讓對方留下「介紹這個人也沒問題」或是「也許可以解決我們公司困擾的問題」的這種印象。

其結果就是「見面看看」。對方腦袋中是什麼狀態，即為「To Be」，「To Be」是要讓對方理解「這個人有這些強項」，並處於擁有興趣的狀態，訊息為「我的強項為此，請一定要雇用」。雖然沒有在履歷表上寫「請務必要雇用」，但這就是訊息，此時想要表達的是沒有不雇用的理由。

步驟二、分析閱讀者

到目前為止沒問題吧？那麼接著就來進行寫作流程的步驟二「分析閱讀者」，請大家再使用另一個工作表格。

（請參考第兩百四十四頁的工作表格「圖表A-2」）

說到為何要分析閱讀者，是因為溝通品質為對方所評論，必須根據對方的前提知識、問題意識來改變傳達方法。

閱讀者是誰？即為雇用負責人或轉職仲介。那麼對方是什麼立場、有什麼前提知識和情報呢？要思考這樣的背景下會產生何種問題意識。那麼就分析看看吧！

〈記錄到工作表格中 十五分鐘〉

這邊也以我所寫的內容來說明（圖表73）。

如果閱讀者是企業的雇用負責人，那麼對方是什麼立場呢？也就是接受公司、管理層和各部門的要求，尋找對自家公司有幫助、有貢獻的人才。換句話說，雇用負責人是對公司內部負責任的，必須要先理解這一點。而轉職仲介的情況，就是「尋找擁有顧客要求之技能、符合經歷之人才」，換言之，是對顧客負責任。只要理解對方的立場，在思考對方問題意識時就會有所幫助。

接著是閱讀者的前提知識、情報。雇用負責人和轉職仲介這些都會接觸很多應徵者，也就是接觸大量情報，他們對平凡的工作經歷沒有興趣，也不會想看，寫著「會努力、會有貢獻」是行不通的。就算想表現出超越現實的大成績，他們也知道以哪種過去的實績、寫出哪種內容的人會有什麼樣的成果。我們就對這些前提知識進行分析。

圖表73

閱讀者的分析

閱讀者是誰？　企業雇用負責人、仲介負責人

閱讀者的立場是什麼？

雇用對自家公司有幫助的人才。
尋找有顧客要求之技巧、符合經歷的人才

對於主題，閱讀者有什麼前提知識與情報？

接觸許多應徵者，擁有人才的行情觀念
不想閱讀平凡的應徵內容
說著會努力、會有貢獻是行不通的
即使想要展現比現狀還要好（大）的成果，真相還是會從過去的實績看出來

閱讀者有什麼問題意識？

不想雇用（介紹）不好的人才失去自己的信用
想要雇用（介紹）會被說是雇用了（介紹了）好人才的那種人
除了自己的判斷以外，沒有工作履歷表之類的憑證就不會被推薦

閱讀者喜歡的表現為何？

社會人士的普通表現
不喜歡有尖銳思想、自我主張強的
不是要落落長陳列一堆，而是喜歡有整理過、俐落的表現（不這樣的話一開始就不會看）

閱讀者和撰寫者（自己）的距離感為何？

身為選擇方，很容易變成審查員的視角
雖說如此，也不喜歡太正襟危坐、卑躬屈膝的人
要用有禮貌且對等的距離感來接觸

從至今為止的「立場」、「前提知識」來看，可以思考出閱讀者有什麼樣的問題意識了嗎？企業的雇用負責人會對公司內部、管理層和各部門負責任，絕對不會光憑個人判斷決定是否見面和雇用。就算是覺得見面也好的人選，也必須和公司內部說明，因此他們會希望有能看的根據（證據）和履歷表等。轉職仲介是對顧客負責，因此我就假設其問題意識為「不想雇用不良人才或是介紹以後會使自己失去信心的，想要被說介紹了符合要求的人才」。

這種情況下，對方喜歡的表現是什麼呢？由於是履歷表，像社會人士那樣的普通表現比較好。此外，太過強硬也有可能被討厭，因此對方不喜歡尖銳和自我主張強烈的呈現方式。對方會接觸到很多情報，大概也不喜歡落落長，而是有整理過且簡潔的內容。不然打從一開始這份履歷就不會在眾多應徵者之中被看到，更沒有想看的心情。

那麼，閱讀者和撰寫者的距離感為何呢？雇用負責人為選擇方，怎麼說都很容易變成「審查員的視角」，雖說如此，他們也討厭獻殷勤、無禮的人，於是我們就分析「有禮貌且用對等距離感來表現比較好」，一邊帶有「想被邀約」、「想被雇用」的心情，一邊圓滑地主張。

重現出研討會的質疑、應答

到目前為止，我以「履歷表的自我推銷」為題材分析了訊息和閱讀者。只要在撰寫之前思考這些，之後就會很順利。如果事先什麼都沒想就撰寫履歷表的自我推銷欄位，只是單純把想的事情陳列出來而已，變成沒有訊息，只陳列出「我做了這些事情」的內容。

那麼，目前為止有誰有問題嗎？

聽講者　我無法透過分析訊息和閱讀者來判斷寫下來的內容是否恰當，要怎麼做才能提高到適當的準確度呢？

講師　此情況下，實際上的閱讀者，也就是雇用負責人、轉職仲介如何進行判斷只有本人知道。雖然我們不曉得，但可以假設。這種瞄準目標的方式就只是個機率論，然而藉由事前思考，準確度就會提高。再來，可以的話就讓其他的人來閱讀、獲得反饋，試著問「如果你是雇用負責人會怎麼想」。由於對方很了解你，就算他不是有什麼雇用經驗的對象，也不會說出偏離主題的內容。

聽講者　在步驟一的時候說到了分析「As Is」到「To Be」並建立訊息，但我很不會制定訊息，在這次的演習中也都想不出來。如果有什麼要點，或是怎樣思考的話多少可以制定出來之類的建議，還麻煩您告訴我。

講師　無法建立訊息，這與其說是表現力的問題，大多時候是對現狀及該有的型態不夠了解。訊息是「為了填補差距所要傳達的事情」，如果差距不明確就無法制定訊息了。這也可以說是在解決問題，不知道落差就不知道問題，代表你對現狀分析不足，也沒有描繪出該有的型態。差距（＝問題）是在掌握現狀並描繪出該有型態後才產生的，因此在想不出訊息時，在那之前請先試著深入思考現狀和該有狀態，了解「這些到底是怎麼回事」。

此外說到表現的方法，必須要設定限制用一個字、一句話來寫，這就是要點。如果有人問我履歷表是什麼，我會說這是回答最後為何必須雇用你的答案。為何非你不可？為何非該公司不可？回答這些問題的就是訊息，必須用一句話來回答，請試著這麼練習吧。

步驟三「收集提議」

那麼，接下來我想讓大家進行寫過流程的步驟三「收集提議」。我已經介紹了好幾種收集提議的方法，而這邊要請大家用「善用白紙」的方式，在履歷表的自我推銷欄上寫下提議的內容。

（請使用手邊的白紙）

例如「有這樣的經驗」、「做了這樣的事」、「有這些強項」、「有這樣的過去」，有強項與弱項兩者為佳。弱點可以變成優點，優點也會變成弱點，就好比「完全沒有經驗」是個弱點，但從不同切入點來看，對某些人來說這也許反映出了「有學習的方法論」這個強項，因此請把想到的內容全部都寫出來。

不要吝嗇使用紙張，一張就寫一個提案，就算寫錯也無所謂，把想的全部寫出來。有什麼樣的經驗、有什麼強項、有什麼技能，寫什麼都可以，關鍵字也行，就試著寫出來吧。那麼請花十分鐘左右，好的，開始。

〈在白紙上寫十分鐘〉

好的，大概寫出來了吧。接著我會將各個聽講者分組，請在組內各自發表所寫的內容，其他人就對其發表提出意見和問題，也就是反饋。發表者一邊讓大家看內容，邊說明「我想出了這樣的關鍵字」，就請周圍的人提出「這是怎麼一回事」、「例如什麼事情呢」這類的疑問。做為反饋所得到的關鍵字也請趁著還沒忘記時記下來吧！我想這會讓你發現「原來我還有這項優勢」的。

各位是否發現了自己沒有注意到的強項了呢？大致上看了一圈，發現大家都有很棒的經歷呢！有很多人的經歷讓我覺得「我還真想錄用這個人」。如果只在自己的世界中思考，你並不會注意到這些是你的強項，也就是不覺得這有什麼。所謂強項，是存在於「自己理所當然做得到」的事情當中，但從第三者的觀點來看，他們會認為「很厲害」。

商業的基本，就是光把存在於某處的事物移到別的場所，其價值就會提升，例如進口海外物品並購買下來就是這麼一回事。在那頭沒價值，因為太過氾濫，不過藉由移動到別處，價值就產生了。

我本身也有實際感受到。我是軟體工程師出身的，軟體世界中很理所當然使用的方法與思維，在其他的領域卻非如此。我是在被其他業界的人說「這個好厲害，在家裡也可以使用呢！」以後，才第一次察覺到其價值所在。我感受到獲得了第三者的觀點，也讓我看見了至今為止沒發現的事物。

那麼，請大家從寫在紙上的關鍵字當中選出三個。能夠寫在履歷表上推薦的就只有三個，不過其他的關鍵字請不要捨棄，也許之後還會用到。

至此，寫作流程的步驟三就結束了。

步驟四「製作概要」

接著是寫作流程的步驟四「製作概要」。就讓我們稍微來複習一下概要吧！當想要向對方傳達自己的想法時，通用型概要最容易理解（圖表74）。有導入、結論，也有支援，而支援就是根據，最後再用結論包夾的結構，直接形成文章。

如果用通用型概要組成履歷表，就會變成以下。

導入—結論—強項—強項—結論

所謂「導入」，就是呈現出「這篇文章在講關於這件事情」的部分。這邊的題材是履歷表的自我推銷，就沒有必要特別說了吧！只要把【自我推銷】當成

圖表74　通用型概要
〔想向對方傳達自己想法時〕

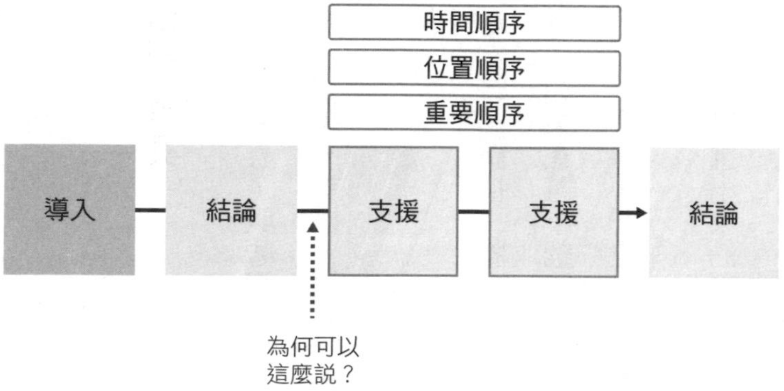

是標題就足夠了。結論為「雇用我會有好處」、「應該雇用我」，這也沒有必要特別說明，即是我們想傳達的事情。支援會寫上「有這些實績、經驗、強項」，能夠成為根據的支援部分有好幾種寫法，像是時間列順序、位置順序、重要順序等，如果是自我推銷的欄位，重要順序最為適合。

這是個因為「有這樣的理由」、「有那樣的理由」所以「雇用比較好」的結構，此脈絡可以使用在任何類型的文章上，非常通用。容易閱讀的文章，就是這樣的架構。

步驟五「撰寫草案」

接著進入到步驟五，試著實際撰寫草案吧！先前已經選出三個提案了，通用型概要為導入、結論、支援，接著又是結論。而在支援的部分，就要使用選出來的三個提案。

在撰寫草案時，請把「將零變為一」做為最優先。沒有必要寫得太漂亮，總之先寫、再寫。如果在意小細節就寫不出來了，要撰寫得漂亮是從零到一以後的事情。只要成為一，接著要變成三、變成五都行。

那麼就請大家以選出來的三個關鍵字為基礎，實際來撰寫自己履歷表的自我推銷欄位吧！請花大概三十分鐘左右。

〈記錄到電腦裡〉

好的，三十分鐘過了。大家都寫了很多呢！只要不在意小細節粗略地寫，就可以寫出很多的量。如果注意太多，基本上手的動作就停止了，要是認為自己不擅長就更會如此。想要寫得很順暢卻寫不出來，動作停止了，這樣只會更加對寫作抱持著不擅長的想法。

在第二章我說明了「啟發法」，也就是發現式方法論。不斷嘗試錯誤以找到正解、接近正解，不是一下子就找到正確答案，而是先寫出自己腦中的事物。無論什麼都無所謂，首先寫出來最重要。我想一開始很多人在一個小時內只能寫出六〇〇～七〇〇字，不過習慣的話，大概一個小時可以寫得出兩千～三千字左右。

步驟六「推敲」、步驟七「重新撰寫」

接著進入到寫作流程的步驟六「推敲」和步驟七「重新撰寫」。這是琢磨寫出來的文章並加以精煉的過程，由於是自我推銷，當然要宣傳自己，這種情況下從別人身上得到反饋會最有效果。

接下來我會讓小組互相發表反饋。此時進行反饋的人，請記得找出對方的優勢。就算對本人而言很普通，也一定有很多事情是從他人眼中來看會認為「這很厲害」的。當覺得很厲害的時候，請說出「好棒！」、「哇！」的讚美，獲得反饋的人就可以在發現意外反應的時候，不遺漏地把被詢問的事情、被誇獎的事情給記下來。

那麼，請大家以自己撰寫的文章為基礎，向團隊中的各位進行兩分鐘發表，分享「我做了這樣的事情」、「我有這樣的技能」。在那之後的三分鐘，請組內的成員們進行反饋和發問。

〈反饋中〉

現場的氣氛非常高漲呢！業界不同、職種也不一樣，這些擁有各式各樣經歷的人告訴你自己的經驗，當然會很感興趣。接受反饋的那一方也可以獲得實感，自己認為理所當然、沒什麼大不了的事情，在別的業界眼中竟然是「很厲害的」。

那麼，就試著以聽講者O先生所寫的文章為基礎來進行反饋吧（圖表75）。

有好好分段呢！那麼就來看第一段吧。O先生和我一樣很擅長專案管理，有過擔任專案經理、PMO（項目管理辦公室）並使專案成功執行的經驗，而且還是大規模專案。這個段落的「主題」是「從這些經驗可以說明自己有什麼強項」

圖表75 Before
〔聽講者O先生的案例〕

- 我有擔任大規模專案經理的經驗，過去也在規模一億圓以上的專案中，以PM、PMO的身分成功執行專案。
- 即使是沒有經驗的業務，我也會思考要怎麼做並進行對應。在被委託海外用戶的諮詢業務時我也自動自發鑽研英語能力，最後成為了主要負責諮詢的人員。現在我也活用我所擅長的英語，得以處理國際性專案。
- 我不會滿足於現在的做法，時常思考提高生產力的改善對策並付諸行動。由於專案成員的錯誤測試數據，使我好幾度重新測試後，自己開發出了利用ExcelVBA的測試數據工具，成功解決了錯誤的數據測試。

對吧？那這個主題是什麼呢？即為「專案經理」或「專案管理」。雖然拍著胸脯說「我很擅長專案管理」需要勇氣，不過在反饋時從成員的反應來看，就能夠感受到「這是自己的強項」。

那麼再看第二段。O先生很擅長英文，從不擅長到自己鑽研，最後能夠處理國際性專案。這是非常強大的優勢，也是推銷重點，然而以文章來說太可惜了。這段最初和最後的重點有所分歧，在段落一開始陳述「也可以處理沒有經驗的業務」，最後卻說「可以處理國際性專案」。

在第二章我說明了「一段／一主題」，一個段落裡面只能放一個主題，如果有多項主題，閱讀者就會疑惑，「這篇文章的主張到底為何」。O先生的狀況也是，不曉得到底想主張「沒經驗也無所謂！」還是「可以處理國際性狀況！」呢？

請選其中一個吧。因為是履歷表，比起對工作的處理態度，閱讀者會比較注重「能夠做什麼」。就選擇「對國際性事務的處理」吧！既然主題明確了，就必須要重新修改段落的內容。清楚了解想要說什麼，腦袋也會開始運轉，思考「要怎麼做才能主張重點（此時為強項）」。

接著進入第三段。上面寫了提高生產力、製作工具、減少錯誤測試數據等等，O先生是個很有熱情的人呢！可以讓人感受到「時常做得很好」。他想要正確傳達這個態度和做法，而在這段之中所寫的主要是「事實」。由於Toulmin模型的三者——「事實」、「證據」、「主張」之中大多是寫「事實」，為了增加說服力，必須有「證據」和「主張」。

那麼如果用一句話來說明全體段落中「想說的事情」，也就是主張的話是什麼呢？O先生說過「不會滿足於現在的做法，時常思考提高生產力」對吧。不只是自己本身，還提高了團隊全體的生產力，若用一句話來表達，可以用「持續性的流程改善」或是「提高團隊生產力」。用一句話呈現就是秘訣，此為主題，要主張「雇用我的話就可以期待持續改善流程」。

接著再進一步思考連結「事實」和「主張」的「證據」吧。證據就是「要怎麼從事實連結到主張」。

「有這樣一個事實，那是因為〇〇，只要雇用我就可以期待持續性的流程改善」

這個「因為〇〇」的部分就是證據。請試著解釋事實並思考這究竟為何吧。

那麼，我們再看O先生實際接受反饋後所修改的文章（圖表76）。

變得很不錯呢！首先主題很明確，為「專案管理」、「處理國際性事務」和「持續性改善」。正因為主題明確，段落的文章也整個改變了，成為只聚焦在想說之內容上的文章。

而且每個段落都有「事實」、「證據」、「主張」這三項，先在標題說明「主

圖表76 After
〔聽講者O先生的案例〕

概要

我在過去十五年間於大手金融機關的大規模IT專案中擔任PM/PMO。

專案管理

在本公司體制最多十五人、訂單金額規模一億圓以上的大規模專案中，我以PM的身分負責實施到完結的所有程序，結果專案大為成功，獲得了客人和公司雙方的表彰。我得心應手地控制利益相關者之間的競爭，取得成本、品質和期限的平衡，將專案引導致成功。

國際性專案的處理

身為海外用戶取向的諮詢平台，我透過英文進行發信、電話，支援用戶。此外，我也曾和海外包裝供應商進行電話會議，擔任日本方的主要發言人。運用擅長的英語，得以處理國際性的專案。

持續性改善

在測試工程中，由於錯誤數據導致工作必須反覆修改，測試效率也因此降低，於是我就利用ExcelVBA開發出測試數據工具，成功解決了錯誤測試數據的問題，提高百分之三十的測試效率。我不會只採用現在的做法，而是時常思考什麼是最好的以進行持續性的過程改善。

張」，接著整齊地敘述「事實」和連結事實與主張的「證據」，非常好。

只要正確練習的話一定可以寫得出來

今後要想提升寫作技巧，應該做些什麼訓練才好呢？就讓我來稍微說明一下（圖表77）。

首先，就是增加寫作量，部落格也好，日報、日記等等的也行。也許有些人的公司沒有日報，不過就算公司不要求，日報也是可以自己寫的，本來日報就不是為了公司，而是為了自己而撰寫。哪一天做了什麼事？發生什麼事？又從中學習到什麼？接著發生什麼事情？只要把這些寫下來，一年後、兩年後就會累積很驚人的量。什麼都好，首先要增加撰寫量。

我也推薦閱讀對自己而言有些困難的書籍，也就是古典和人人稱之經典的

圖表77 提升寫作技巧的訓練

- 增加寫作量
  →部落格、報告書、日報、日記
- 閱讀（對自己而言）有些困難的書
  →古典、經典書籍（也有人稱聖經）
- 尋找可以精確表達自己想說之事物的方法
  →善用相近詞詞典
- 分析書的目錄
  →讓目錄樹狀化
- 蒐集寫作點子
  →寄信給自己

書，請大家吸收各式各樣的知識。在經典書籍中，也很多的「邏輯」都非常穩固。就算看了對自己而言很簡單的書，也無法訓練邏輯，但是如果太難的話又會感到挫折，因此要看對自己來說有一些困難的書籍，而書的難易度只要閱讀「前言」就可以判斷了。

要找出能夠精確表達自己想說之事物的方法，請大家善用「相似詞詞典」。有很多人無法精準地說出關鍵字對吧？原本在自己腦中的詞彙太少，就會講不出來，因此必須努力增加詞彙和表現方法。此外，就是從平日開始意識到抽象與具體，試著一邊改變抽象度來換個說法表達，在抽象的梯子中攀升、下降，只要多加訓練，關鍵字就會輕易地浮現出來了。

再來，分析書的目錄也不錯，這可以學習組成的方式。書中一定會有結構，那會顯現於目錄上，只要看了目錄，就可以了解是用什麼切入點與結構來傳達的。實際以商品狀態呈現於社會上的事物，都是透過出版社的眼睛所完成的。換言之，這樣的傳達方式與結構都是經過非常多的琢磨而成，可以拿來參考。

最後我想傳達的是，不要害怕反饋。不會寫文章的人、不擅長寫文章的人都很討厭在中途給別人看作品，都希望等完成後再展示。他們會想著完成多一點後再說、多琢磨一點後再說，所以就不想讓別人看到進行中的流程。

然而並非如此。構想的階段、組成的階段、寫成文章的階段等，在全部完成的流程中接受反饋才是提高品質的秘訣。不僅僅是文章，製作任何成品時這都很有效果。在流程中的所有步驟接受反饋，增加情報量，只要有除了自己以外的觀點，就可以發現別種事物，找出別的切入點。情報量增加，觀點也會增加，自然沒有不這麼做的道理。

在第二章我已經讓各位了解寫作技巧的道理，而本章也讓大家體驗一次寫作流程了。這個一連串的體驗非常重要，大家先體會過「將零變成一」，之後再增加這樣的經驗就可以了。正確地練習一定能夠變得擅於撰寫，只要將變成一的經驗慢慢增加即可。請大家加油！

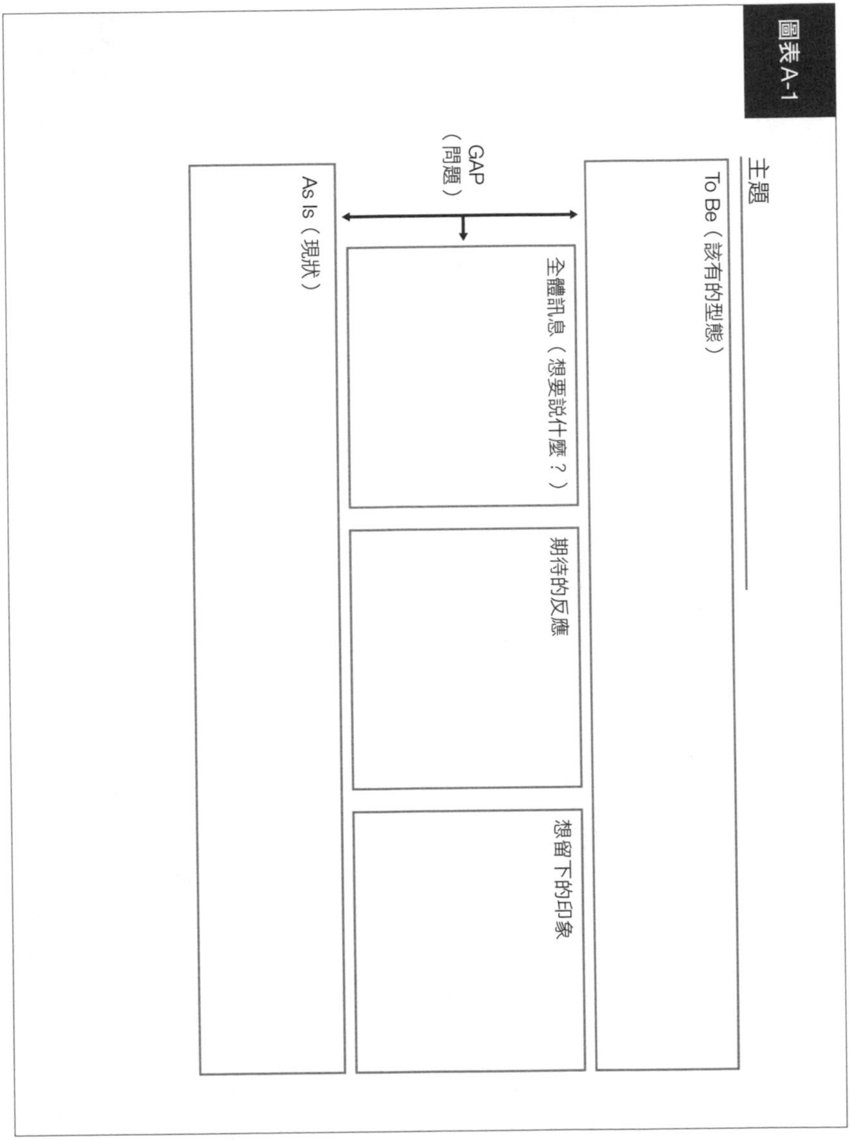
主題
To Be（該有的型態）
GAP（問題）
全體訊息（想要說什麼？）
期待的反應
想留下的印象
As Is（現狀）
圖表A-1

圖表A-2

閱讀者的分析

閱讀者是誰？

閱讀者的立場是什麼？

對於主題，閱讀者有什麼前提知識與情報？

閱讀者有什麼問題意識？

閱讀者喜歡的表現為何？	閱讀者和撰寫者（自己）的距離感為何？

BW0648

用寫的說服各種人

7步驟擺脫被老闆退稿、同事誤解的高效工作術

原　書　名／誰も教えてくれない書くスキル
作　　　者／芝本秀德Hidenori Shibamoto
譯　　　者／郭子菱
責 任 編 輯／劉芸
企 劃 選 書／鄭凱達
版　　　權／翁靜如
行 銷 業 務／周佑潔、石一志

總　編　輯／陳美靜
總　經　理／彭之琬
發　行　人／何飛鵬
法 律 顧 問／台英國際商務法律事務所　羅明通律師
出　　　版／商周出版
臺北市104民生東路二段141號9樓
電話：(02) 2500-7008　傳真：(02) 2500-7759
E-mail: bwp.service @ cite.com.tw
發　　　行／英屬蓋曼群島商家庭傳媒股份有限公司　城邦分公司
臺北市104民生東路二段141號2樓
讀者服務專線：0800-020-299　24小時傳真服務：(02) 2517-0999
讀者服務信箱E-mail: cs@cite.com.tw
劃撥帳號：19833503　戶名：英屬蓋曼群島商家庭傳媒股份有限公司城邦分公司
訂 購 服 務／書虫股份有限公司客服專線：(02) 2500-7718；2500-7719
服務時間：週一至週五上午09:30-12:00；下午13:30-17:00
24小時傳真專線：(02) 2500-1990；2500-1991
劃撥帳號：19863813　戶名：書虫股份有限公司
E-mail: service@readingclub.com.tw
香港發行所／城邦（香港）出版集團有限公司
香港灣仔駱克道193號東超商業中心1樓
E-mail: hkcite@biznetvigator.com
電話：(852) 25086231　傳真：(852) 25789337
馬新發行所／城邦（馬新）出版集團
Cite (M) Sdn. Bhd.
41, Jalan Radin Anum, Bandar Baru Sri Petaling, 57000 Kuala Lumpur, Malaysia.
電話：(603) 9057-8822　傳真：(603) 9057-6622　E-mail: cite@cite.com.my

封面設計／黃聖文
印　　刷／韋懋實業有限公司
經 銷 商／聯合發行股份有限公司 電話：(02) 2917-8022　傳真：(02) 2911-0053
地址：新北市新店區寶橋路235巷6弄6號2樓

■2017年11月7日初版1刷　Printed in Taiwan

定價320元
ISBN 978-986-477-351-0

城邦讀書花園
www.cite.com.tw

國家圖書館出版品預行編目（CIP）資料

用寫的說服各種人：7步驟擺脫被老闆退稿、同事誤解的高效工作術／芝本秀德著；郭子菱譯. -- 初版. -- 臺北市：商周出版：家庭傳媒城邦分公司發行C, 2017.11
面； 公分
譯自：タイトル 誰も教えてくれない書くスキル
ISBN 978-986-477-351-0（平裝）
1. 商業書信 2. 商業應用文 3. 日語
493.6 106020000

商周出版

廣　告　回　函
北區郵政管理登記證
台北廣字第000791號
郵資已付，免貼郵票

104台北市民生東路二段141號2樓

英屬蓋曼群島商家庭傳媒股份有限公司
城邦分公司　收

請沿虛線對摺，謝謝！

商周出版

書號：BW0648　　書名：用寫的說服各種人　　編碼：

請於此處用膠水黏貼

商周出版

讀者回函卡

感謝您購買我們出版的書籍！請費心填寫此回函卡，我們將不定期寄上城邦集團最新的出版訊息。

不定期好禮相贈！
立即加入：商周出版
Facebook 粉絲團

姓名：＿＿＿＿＿＿＿＿＿＿＿＿＿＿＿＿＿＿＿＿ 性別：☐男 ☐女

生日：西元＿＿＿＿＿＿＿年＿＿＿＿＿＿＿月＿＿＿＿＿＿＿日

地址：＿＿＿＿＿＿＿＿＿＿＿＿＿＿＿＿＿＿＿＿＿＿＿＿＿＿

聯絡電話：＿＿＿＿＿＿＿＿＿＿＿＿ 傳真：＿＿＿＿＿＿＿＿＿＿

E-mail ：

學歷：☐ 1. 小學 ☐ 2. 國中 ☐ 3. 高中 ☐ 4. 大學 ☐ 5. 研究所以上

職業：☐ 1. 學生 ☐ 2. 軍公教 ☐ 3. 服務 ☐ 4. 金融 ☐ 5. 製造 ☐ 6. 資訊
☐ 7. 傳播 ☐ 8. 自由業 ☐ 9. 農漁牧 ☐ 10. 家管 ☐ 11. 退休
☐ 12. 其他＿＿＿＿＿＿＿＿＿＿＿＿＿＿＿＿＿＿＿＿＿＿

您從何種方式得知本書消息？

☐ 1. 書店 ☐ 2. 網路 ☐ 3. 報紙 ☐ 4. 雜誌 ☐ 5. 廣播 ☐ 6. 電視
☐ 7. 親友推薦 ☐ 8. 其他＿＿＿＿＿＿＿＿＿＿＿＿＿＿＿＿

您通常以何種方式購書？

☐ 1. 書店 ☐ 2. 網路 ☐ 3. 傳真訂購 ☐ 4. 郵局劃撥 ☐ 5. 其他＿＿＿＿

您喜歡閱讀那些類別的書籍？

☐ 1. 財經商業 ☐ 2. 自然科學 ☐ 3. 歷史 ☐ 4. 法律 ☐ 5. 文學
☐ 6. 休閒旅遊 ☐ 7. 小說 ☐ 8. 人物傳記 ☐ 9. 生活、勵志 ☐ 10. 其他

對我們的建議：＿＿＿＿＿＿＿＿＿＿＿＿＿＿＿＿＿＿＿＿＿＿＿＿

＿＿＿＿＿＿＿＿＿＿＿＿＿＿＿＿＿＿＿＿＿＿＿＿＿＿＿＿＿＿

＿＿＿＿＿＿＿＿＿＿＿＿＿＿＿＿＿＿＿＿＿＿＿＿＿＿＿＿＿＿

請於此處用膠水黏貼